庭院造景施工手册

基础工程与
景观小品

高涛————著

江苏凤凰科学技术出版社·南京

图书在版编目（CIP）数据

基础工程与景观小品 / 高涛著 . —— 南京 ：江苏凤凰科学技术出版社 ，2024.4
（庭院造景施工手册）
ISBN 978-7-5713-4196-1

Ⅰ . ①基 ... Ⅱ . ①高 ... Ⅲ . ①庭院－基础（工程）－景观设计 Ⅳ . ① TU986.2

中国国家版本馆 CIP 数据核字（2024）第 029703 号

庭院造景施工手册
基础工程与景观小品

著　　　者	高　涛	
项 目 策 划	凤凰空间／杜玉华	
责 任 编 辑	赵　研　刘屹立	
特 约 编 辑	杜玉华	

出 版 发 行	江苏凤凰科学技术出版社
出版社地址	南京市湖南路 1 号 A 楼，邮编：210009
出版社网址	http://www.pspress.cn
总 经 销	天津凤凰空间文化传媒有限公司
总经销网址	http://www.ifengspace.cn
印　　　刷	雅迪云印（天津）科技有限公司

开　　　本	787 mm×1 092 mm　1 / 16
印　　　张	11
字　　　数	200 000
版　　　次	2024 年 4 月第 1 版
印　　　次	2024 年 4 月第 1 次印刷

标 准 书 号	ISBN 978-7-5713-4196-1
定　　　价	78.00 元

前言

跟随自己的心灵，我们将想象中的庭院加以描述，通过各种文字、符号、图纸，或者利用现代计算机软件使之视觉化后，接下来的事情就是在现实空间中用各种材料进行围合、建造，形成能够容纳我们身体和行为的具体空间，让我们的身心能够在这个空间中获得体验。这个阶段的工作就称为造园，涉及基础工程与景观小品、花境绿化、石艺造景、水景工程四个方面，涵盖各种庭院设计与施工知识。

本书围绕庭院中的基础工程与景观小品展开，希望为设计师与施工人员提供依据与解决之道。基础工程是庭院的主体，是室内空间向室外的延伸拓展，在设计与施工中的技术含量最高，实施活动需要投入大量的人力、物力。

景观小品从设计上来看，强调"人工构建物"的概念，暗示"创造、造型"的深层构想。它需要将建筑构造中的材料与工艺转用到庭院中来，将地面、墙面、顶面等建筑构造融合起来并进行微缩，形成全新的构建物。

景观小品从施工上来看，要融合建筑材料与装饰材料，将水泥、砂、钢材、木料等常规建筑材料与瓷砖、人造板、五金件等装饰材料紧密结合。在微缩建筑施工方法的同时，要注入丰富的细节构造，保证景观小品的安全性与美观性。

做好庭院基础工程与景观小品的设计与施工，结合本书知识点，应当从以下几个方面入手：

（1）厘清基础工程的设计原理，由构筑基础开始，保障根基的稳固性，尤其是水电设施要预先规划，保障使用功能完备。正确选用水电管线材料，注意在施工中保证管线构造的安全性。

（2）正确识别多种建筑材料与装饰材料，并能将材料合理运用到基础工程的设计与施工中。熟悉不同材料的性能，结合材料各自的优势进行组合运用，回避材料的缺陷，或厘清材料之间互为补充的逻辑关系。

（3）施工构造主要分为基础层、构造层、装饰层三个层次。要严格把控施工顺序，从基础层开始建造建筑的稳固性，逐步分级施工。任何建造都要从基础层开始，由简单施工向烦琐施工过渡，不能急于求成，不能随意简化中间构造层。

（4）熟悉成品件构造，对庭院使用材料与成品设备进行市场考察，了解电商与实体店的产品信息，合理选用成品件构造用于庭院景观小品修建中。成品件能提升施工效率并降低人工成本。

庭院景观小品是人与自然对话的媒介，是人在户外活动的重要设施。通过景观小品，让大自然启迪人的心灵，让我们的设计与施工创造丰富、灿烂、和谐的生活体验吧。

南京工业大学艺术设计学院　高涛

目录

庭院施工基础

庭院板房

▲ 庭院中的板式建筑是室内空间至室外空间的拓展,多作为储藏间与操作间使用,可以进行咖啡烹制、烧烤料理等活动。搭建楼梯可延伸至屋顶,提升空间的利用率

 本章导读

　　几乎所有庭院景观小品的设计工作都是从无到有的过程,找到合适的切入点是设计与施工得以进行的关键。我们可以从任意立足点开始设计。在此阶段,设计通常强调灵活性,提供宽松的规划方案。庭院景观通过材料与施工工艺来实现,这就需要从业者去了解有关建造的知识,给出坚实的立足点。

1.1 尺寸与比例

尺寸与比例是建筑构造的基础，尺寸能反映形体的大小，比例是设计与施工沟通的准则。应根据设计的要求预先设定尺寸，再将设计构思按比例缩小绘制在图纸上，最终将尺寸还原并落实到施工中。

1.1.1 尺寸设定

想象与概念转变为建造工作，首先显示在设计图纸中。在众多技术要素中，尺寸是解读庭院空间、创意设计、方案交流最为重要的依据和手段，合理的尺度能反映庭院空间的真实状态。

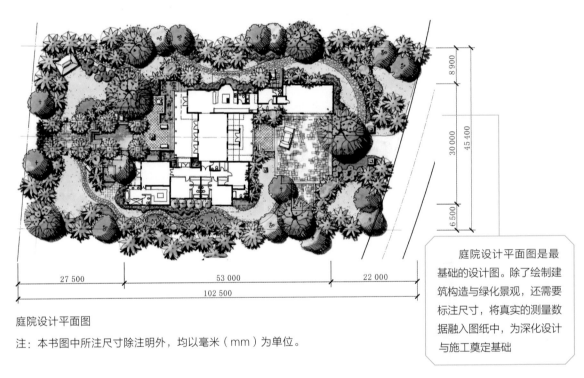

庭院设计平面图

注：本书图中所注尺寸除注明外，均以毫米（mm）为单位。

> 庭院设计平面图是最基础的设计图。除了绘制建筑构造与绿化景观，还需要标注尺寸，将真实的测量数据融入图纸中，为深化设计与施工奠定基础

当开始创意设计时，就应该具备明确的尺度与比例，虽然暂时不需要标注数据，但是仍要以真实的空间为基准。当转向细部设计时，产生的形体感可以运用在总体目标的精细尺度方案中。因此，了解常用的尺寸是庭院构造设计的基础。根据材料、工艺和平面布局要求，设计图要有很高的精确度，这些设计文件几乎没有什么灵活性，除非是为了弥补资料与实际情况的不符之处。

我国在庭院构造设计中的建筑施工计量单位以毫米（mm）和米（m）最为常用。毫米用于计量构造设计的细部尺寸，能真实反映出庭院空间内部构造之间的精确关系。米用于计量主体建筑的平面、立面空间尺寸，针对变化微妙的局部空间，也可以将此数据扩展到小数点后两位，例如表示楼梯台阶高度的数据可以记录为 0.18 m。

下面以一套露台小庭院设计图纸为例来初步讲解建筑构造的设计形式，图中对尺寸与细节进行了精确标注。

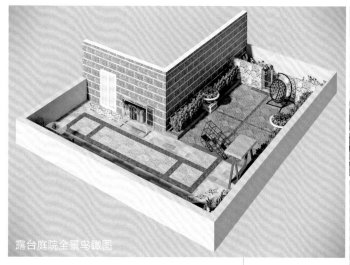

露台庭院全景鸟瞰图

花砖墙将花园分隔为两个独立区域，地面铺装仿古砖进行衬托

露台庭院构造局部

山石水景占据露台一角，搭配秋千形成局部休闲空间

中型露台面积较大，一般位于别墅屋顶，大小约为两个常规卧室或客厅的面积。在布局设计上要对地面进行区域划分，将一个完整的空间划分出多个功能区。绿化面积不宜过大，可以限定在某一个角落，其余空间采用局部绿化做点缀设计

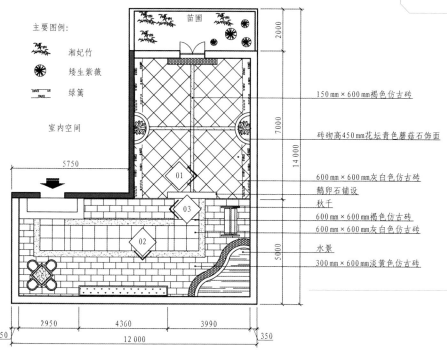

主要图例：

湘妃竹

矮生紫薇

绿篱

室内空间

苗圃

2000

150 mm × 600 mm褐色仿古砖

7000

砖砌高450 mm花坛青色蘑菇石饰面

14 000

600 mm × 600 mm灰白色仿古砖

鹅卵石铺设

秋千

600 mm × 600 mm褐色仿古砖

600 mm × 600 mm灰白色仿古砖

5000

水景

300 mm × 600 mm淡黄色仿古砖

地面材料的划分是设计重点，应避免出现空旷且无重点视觉中心的问题。地面铺装应当充实饱满，各种砖石材料应当分布完整

350   2950   4360   3990   350

12 000

露台庭院平面图

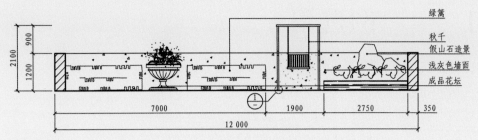

01 立面图

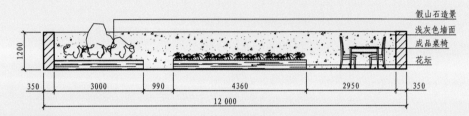

02 立面图

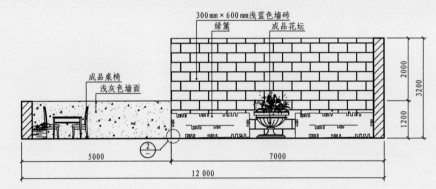

03 立面图

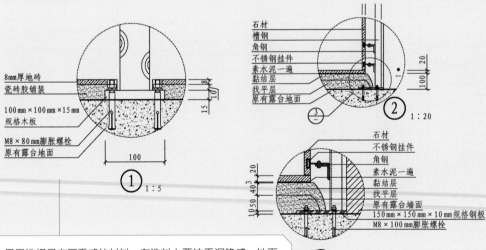

露台尽量选择具有厚重感的材料，在选料上要注重沉稳感。地面材料的搭配应当丰富多变，加入水景造型后注意合理设计防水层与导流坡度。不宜在露台采用大型装饰构造，以免在大风天气时出现危险

构造详图

1.1.2　比例选用

比例是设计制图中的一般规定术语，指图中的图形与实物之间的线性尺寸之比。在小庭院建筑构造的设计中，需要定制设计图纸的比例，无论是徒手绘制的草图，还是利用计算机绘制的施工图，都要明确比例关系。

比例大小需要根据设计对象的尺度和复杂程度来定制。大尺寸建筑构造一般要将图面缩小，并且使用小比例，比如1：100、1：500，这样才能将全局空间缩小到规范的图纸上。小尺寸建筑构造，尤其是局部结构和复杂结构，应该选用大比例，比如1：5、1：10，这样才能完整无误地绘制出所有细节，保证后期施工可以顺利进行。

常用图纸比例

图纸类型	中国比例	备注
施工详图	1：5	细部尺寸 1 m×1 m
	1：10	
	1：20	
设计布局	1：50	空间尺寸 10 m×10 m
	1：100	
	1：200	
场地工程布局	1：500	场地尺寸 100 m×100 m

1.2　土方工程

土石方是小庭院建筑构造的基础，其稳定性最为重要，所以要考虑庭院地下土石方的性质与密度。

1.2.1　土壤特性

土壤由各种颗粒状的矿物质、有机质、水分、空气、微生物等成分组成，即固相、液相（水）和气相（空气）三部分。三部分之间的比例关系能反映出土壤的不同状态，比如干燥或湿润、密实或松散等，这些状态会影响庭院施工的质量。

根据土壤特性可以将土分为八类。一类土为松软土，主要为砂土、软土和淤泥，细腻柔软，可以用于植被栽种。八类土为特坚石，主要是指天然岩石。在不同类型的土壤中开展建筑构造施工时，需要预先对土壤进行加固处理。

土壤类型与处理方法

类型	包含的土壤	处理方法
一类土	砂土、粉土、冲积砂土层、疏松的种植土、淤泥（泥炭）	开挖后移除，打压夯实后，换成碎石与混凝土
二类土	粉质黏土、潮湿黄土，夹有碎石、卵石的砂土，种植土、填土	
三类土	软及中等密实的黏土、砾石土、干黄土，含有碎石、卵石的黄土、压实填土	打压夯实后，铺设碎石与混凝土
四类土	含有碎石、卵石的中等密实的黏或黄土，粗卵石，天然配砂石，软泥灰岩	
五类土	硬质黏土，页岩、泥灰岩、白垩岩，胶结不紧的砾岩，贝壳石灰石	开挖表层后，铺设碎石与混凝土
六类土	泥岩、砂岩、砾岩，坚实的泥灰岩、密实的石灰岩，风化花岗岩	
七类土	大理石，粗、中粒花岗岩，白云岩、砂岩、石灰岩，微风化安山岩	钻孔打桩，局部浇筑混凝土
八类土	安山岩、玄武岩，花岗片麻岩、闪长岩、石英岩、辉长岩、角闪岩	

将原有土层开挖后集中堆砌或搬运出庭院，也可作为假山堆砌的基础使用

使用铁锹将基坑底部整平，形成较平整的基坑

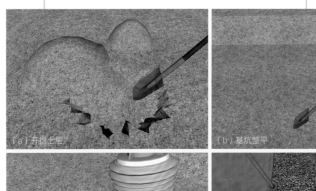

（a）开挖土层

（b）基坑整平

（c）坑底夯实

（d）铺设碎石并浇筑混凝土

一类土和二类土处理方法

将原有疏松的土壤层挖开后，挪作他用，主要可用作池塘底土或配置种植土。地面开挖深度多为 500 mm，开挖后将底部夯实，铺设碎石并浇筑混凝土找平，形成全新的地基

采用打夯机夯实基坑底部

铺设粒径 30～50 mm 的碎石，厚 50～100 mm。浇筑 C20 混凝土，厚 100 150 mm。整体铺设厚度为 150～250 mm

用耙子刨除表面植被，将其集中在一起后可用于地面低洼处填平

开挖土层，将土壤集中堆砌或搬运出庭院，也可作为假山堆砌的基础使用

（a）刨除表面植被

（b）开挖土层

（c）基坑夯实

（d）铺设碎石并浇筑混凝土

清理表层植被后，直接打压夯实，也可以根据需要挖开、移除部分土壤，开挖深度为200 mm。机械夯实的密实度可达到95%，人工夯实的密实度在85%左右。在大面积庭院施工如叠山时，通常不加以夯实，而是借助土壤的自重慢慢沉落，久而久之可达到一定的密实度

三类土和四类土处理方法

采用打夯机整平、夯实基坑

铺设粒径30～50 mm的碎石，厚50～80 mm。浇筑C20混凝土，厚80～120 mm。整体铺设厚度为130～200 mm

用耙子刨除表面植被，将其集中在一起后可用于地面低洼处填平

（a）刨除表面植被

（b）开挖土层

（c）坑底整平

（d）铺设碎石并浇筑混凝土

开挖土层，将土壤集中堆砌或搬运出庭院，也可作为假山堆砌的基础使用

清理表层植被后，根据实际情况开挖，深度为100～150 mm。直接铺设碎石与混凝土

五类土和六类土处理方法

用铁锹将基坑底部整平，由于土质较硬，应尽量形成平整的基坑

铺设粒径30～50 mm的碎石，厚30～50 mm。浇筑C20混凝土，厚70～100 mm。整体铺设厚度为100～150 mm

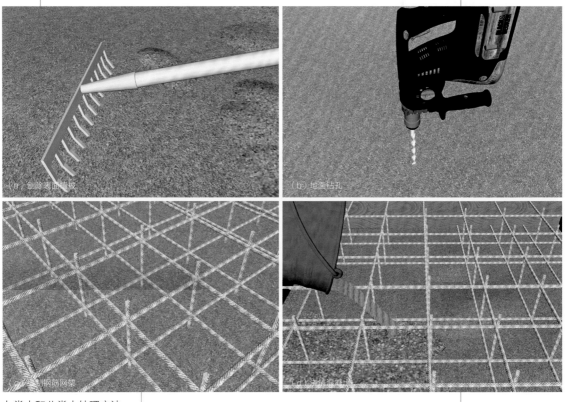

用耙子刨除表面植被、浮土，将其集中在一起后可用于地面低洼处填平

用电锤将地面钻孔，钻头规格为 ϕ10 ～ ϕ14 mm。孔的间距为 200 ～ 300 mm，钻孔深度为 100 mm

（a）刨除表面植被

（b）地面钻孔

（c）绑制钢筋网架

（d）浇筑混凝土

七类土和八类土处理方法

采用 ϕ10 ～ ϕ14 mm 钢筋插入孔洞，并编制成钢筋网架，网格间距为 200 ～ 300 mm，用细铁丝绑扎钢筋

在钢筋网架周边围合模板，在其中浇筑 C20 混凝土

清理表层植被后，在硬质岩石中钻孔打桩，植入钢筋，浇筑混凝土形成地基，在此基础上建造建筑

1.2.2　土石方工程量计算

在满足设计意图的前提下，尽量减少土方的施工量，能节约投资和缩短工期，提高工作效率和保证工程质量。土石方工程量的计算工作，就其精确度要求不同，可分为估算和精算两种，常用精算法为平均截面法。在规划设计阶段，土石方工程量计算不需要过分精细，只做估算即可。在施工图设计时，土石方工程量的计算精度则要求较高。

1. 估算法

估算法通过简单测量开挖深度，计算得到基本数据，能为后期施工奠定基础。

2. 平均截面法

最简单的平均截面法，是截取一个垂直于土石方中心线的横断面，先计算出横断面面积的平均值，再乘以截断线之间的距离，截断线之间的距离为 1 ~ 10 m 不等。

将长、宽、高的乘积计算出来即可估算出土石方的体积，这是计算施工费用的重要依据

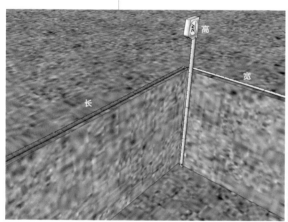

估算法

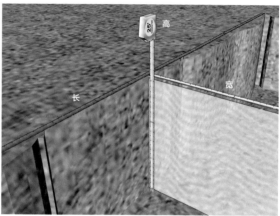

平均截面法

间隔一定的距离，选取开挖土石方截面，分别计算这些截断面的面积后，得出平均面积，再乘以截断面的最大间距长度

1.2.3 土石方施工

庭院土石方施工比较艰巨，目的在于提升地基的硬度，满足后期建筑施工的要求。由于庭院工程量一般不大，且施工点较分散，再加上场地的限制，所以一般采用机械化施工或半机械化施工。下面以庭院的木质休闲亭基础施工为例，介绍挖土、填土、夯实、混凝土浇筑等施工内容。

1. 挖土

　　庭院原有地面的土石方比较湿软，直接构筑木质休闲亭会导致地面塌陷，影响建筑质量，因此需要对地面的湿软土石方进行开挖。

　　进行开挖要求周边有合理的边坡，且必须垂直下挖，松土下挖深度不超过 700 mm，中等密度土壤不超过 1000 mm，坚硬土不超过 2000 mm，超过以上数值的，必须设支撑板。如果土质较差，就应采用临时性支撑加固。施工人员要有足够的工作面，每人平均 4 ~ 6 m²，应由上而下逐层进行，严禁先挖坡脚或逆坡挖土，以防塌方。不得在危岩、孤石的下边或贴近未加固的危险建筑物的下面进行土方挖掘。

清除原有地面的植被，将地面推平，获得较平整的施工基础表面

在施工地面进行测量，用石灰标记开挖的边缘轮廓线

基坑边缘为 45° ~ 60° 斜坡，基坑边缘与底部铺装钢丝网，喷涂 C30 混凝土加固

采用小型挖掘机对地面逐层开挖，每次开挖深度为 300 mm 左右；分两级开挖，开挖深度为 600 mm 左右

2. 填土与夯实

　　填土之前，应制作基础桩体等构造设施，基础桩体可以采用 18 号工字钢与厚 10 mm 的钢板焊接制作，作为木质休闲亭的立柱基础。

　　土石方填筑应从最低处开始，由下向上全局分层铺填碾压或夯实。填土应预留一定的下沉高度，土体逐渐沉落密实。应从基坑最低的部分开始，由一端向另一端，自下而上地分层铺填。土方夯实必须均匀地分层进行，每层先虚铺一层土，然后夯实。墙基及管道回填，应在两侧用细土同时均匀回填、夯实。压实松土时，压实工具的使用应先轻后重，压实工作应从边缘开始逐渐向中心收拢，否则边缘的土方外挤容易引起土壤塌方。

夯实分为人工夯实和机械夯实两种方法。人工夯实是指采用厚重的铁饼，通过人力对地面土层进行打压，根据土层厚度可分 3 ～ 5 次夯实，每次夯实所铺装土层厚度不超过 200 mm。用打夯机夯实时，填土层的厚度一般不宜超过 250 mm，打夯之前也要对填土做初步平整，打夯时要依次夯打，均匀分布，不留空隙。

基础桩体用于连接和固定木质休闲亭，需要预先埋入基坑

放置位置要准确，底部采用 1：2 水泥砂浆黏结固定

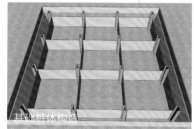

基础桩体构造

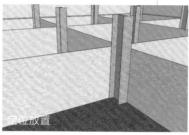

定位放置

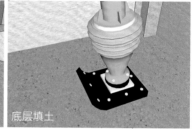

底层填土

底层填土用料为三类至五类中等较硬的土壤或土石结合体，可以将原地基开挖的土配置碎石、砖渣等硬质材料填入坑底，厚度为 200 mm，填入后夯实均匀

用机械夯实底层后铺撒石灰，防止植物生长破坏基层

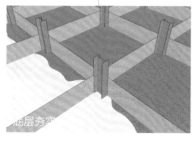

底层夯实

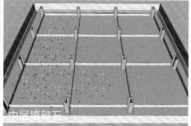

中层填碎石

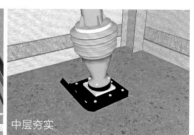

中层夯实

碎石采用粒径 30 ～ 50 mm 的岩石，可掺入 20% 左右的底层填土与 10% 的石灰，混合后铺到底层填土上，厚度为 200 mm，填入后夯实均匀

中层夯实要增加力度或进行 2 次或 3 次夯实，加大碎石层密度

 混凝土浇筑

底层与中层土石方施工完毕后，在基坑内浇筑 C30 混凝土，可以根据实际地质情况加入钢筋网架，混凝土层厚度为 180 ～ 200 mm。钢筋采用 ϕ14 mm 螺纹钢，钢筋网架间距为 200 mm，钢筋布设两层，上下层钢筋间距为 120 mm，采用 ϕ8 mm 钢筋作为箍筋绑扎固定。浇筑混凝土前还需要根据设计要求预埋水电管线。混凝土浇筑完毕后要养护 28 天才能进行上层施工。

上层填混凝土

地面找平与构造连接

表面采用1∶3水泥砂浆找平，找平层与预埋的基础桩体上表面平齐。采用膨胀螺栓将木质休闲亭的立柱连接至基础桩体上，即可继续在地面安装制作木质休闲亭的上层结构

浇筑混凝土后，采用振捣棒振捣出其中的气泡，保证混凝土强度

木质休闲亭

木质休闲亭可满足庭院生活起居使用。周边地面可铺装厚100 mm的种植土，用于绿化植被的种植

水路管道

水路管道是庭院设计与施工的重要组成部分。水路管道的布设要在地面材料铺装与植被铺种之前完成。施工时要保证水路管道通畅、无渗漏，同时要注意维护，避免管道受到破坏。

1.3.1 水源

传统庭院的水源主要包括地下水、地表水和收集的雨水。现代都市的庭院主要使用自来水。在供水紧张的中小城镇和农村，也可以选用井水或天然池塘水。选择给水方式时要综合考虑水源的可获得性、水质和造价。

在做给水设计时，应该先获取相关区域的资料，通过不同的用水类型、用水量等数据来制定庭院供水的规划目标。水压也是供水设计的重点考虑因素，常见的住宅供水水压为 $0.3 \sim 0.5$ MPa，上限值一般不超过 0.6 MPa。由于自来水价格贵，只要可行，都应考虑用自然水作灌溉用水和观赏性的水景用水。

静态观赏池的水源主要为雨水，但是要经过循环过滤，净化后的水可形成良好的倒影效果

静态观赏池

小型湿地喷泉

小型湿地喷泉喷出的水直接溅落在地面上，会有蒸发带来的损失，汇集后经过过滤循环使用时，还需补充新的水

鱼池

游泳池

鱼池中的水主要为自来水与雨水的混合体，设计常规的给水管与排水管，需定期排净清扫

游泳池除了设计给水管与排水管，还需设计过滤器，以保持池内的水长期洁净，并延长池底的清理周期

1.3.2　供水类型

根据用水量和水压的不同，庭院用水大致可以分为以下三种类型。

 生活用水

现代庭院中一般都有户外生活区，进行烧烤、洗涤、清洗等活动时，都会需要生活用水。

 养护用水

指植物的灌溉用水，可用自来水或井水，但是不能用生活污水。

 造景用水

庭院中各种水体比如小瀑布、喷泉、小池塘等人工造景所采用的循环水，主要为自然水，经过循环过滤能长期使用，每1~2个月更换一次。

直饮水以往多出现在公园景区，现在逐步进入住宅庭院中，直饮水水源为自来水，安装净化器进行过滤，可满足庭院的生活用水需求

直饮水

草坪喷淋系统建造成本较低，根据季节和温度开启、关闭，喷淋覆盖面广，用水效率较高，综合使用成本较低

草坪喷淋

造景用水虽然采用自然水，但是能循环使用，更换周期长，需要水泵助力循环，同时要补充蒸发损失的水源

景观喷泉

庭院给水管网的布置形式主要有树枝状管网和环状管网两种。树枝状管网是将给水点到用水点的管线布置成树枝状，管径随用水点的减少而逐步变小。树枝状管网构造简单，造价低，但供水的安全可靠性差。给水管线纵横排布，即形成闭合的环状管网。环状管网中的任何管道都可由其余管道供水，保证了供水的可靠性，但环状管网增加了管线长度，造价也就提高了。

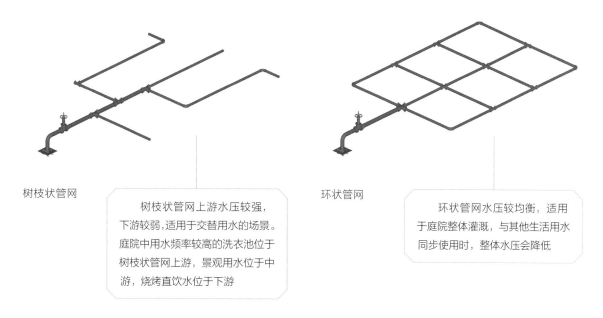

树枝状管网

树枝状管网上游水压较强，下游较弱，适用于交替用水的场景。庭院中用水频率较高的洗衣池位于树枝状管网上游，景观用水位于中游，烧烤直饮水位于下游

环状管网

环状管网水压较均衡，适用于庭院整体灌溉，与其他生活用水同步使用时，整体水压会降低

1.3.3　水路管道材料

水路管道材料对水质有影响，管材的抗压强度影响管网的使用寿命。常用的水路管道材料有下列四种。

 PP-R 管

PP-R 管又称为三型聚丙烯管，是采用无规共聚聚丙烯为原料，经挤成型的环保管材。PP-R 管的原料分子只有碳、氢元素，没有其他毒害元素存在，卫生可靠，是庭院灌溉与直饮水的供水管。PP-R 管使用寿命长，即使在 70 ℃的环境中，使用寿命也可以达到 50 年以上，在常温 20 ℃的环境中，使用寿命可达到 100 年以上。PP-R 管在施工中安装方便，连接可靠，具有良好的热熔焊接性能，各种管件与管材之间可以采用热熔连接。

PP-R 管的规格表示分为外径（DN）与壁厚（EN），单位均为 mm。PP-R 管的外径主要有 20 mm（4 分管）、25 mm（6 分管）、32 mm（1 寸管）等多种，并有 S5、S4、S3.2、S2.5、S2 等不同的抗压级别。以 ϕ25 mm 的 S5 型 PP-R 管为例，外部 ϕ25 mm，管壁厚 2.5 mm，长度为 3 m 或 4 m，也可以根据需要定制。

表1-3　PP-R管管径规格一览（单位：mm）

公称外径	平均外径		公称壁厚				
	最小	最大	S5	S4	S3.2	S2.5	S2
20	20	20.3	2	2.3	2.8	3.4	4.1
25	25	25.3	2.3	2.8	3.5	4.2	5.1
32	32	32.3	2.9	3.6	4.4	5.4	6.5
40	40	40.4	3.7	4.5	5.5	6.7	8.1
50	50	50.5	4.6	5.6	6.9	8.3	10.1
63	63	63.6	5.8	7.1	8.6	10.5	12.7
75	75	75.7	6.8	8.4	10.3	12.5	15.1
90	90	90.9	8.2	10.1	12.3	15	18.1

注：公称外径是指管材作为商品销售的通用标称数据，又称为商品尺寸；平均外径是指厂家生产时容许的误差范围；
　　公称壁厚中的 S 是指级别，S5 为轻型级别，抗压能力一般，S2 为重型级别，抗压能力很强。

> PP-R 管的配套管件要能与 PP-R 管相匹配，螺口大小要与 PP-R 管的管径一致，尽量选择高品质的产品

> PP-R 管规格较多，庭院主要选用外径 20 mm、25 mm 的 PP-R 管。带有红色线条标识的是热水管。无标识或带有蓝色线条标识的是冷水管，只可用于阳台或庭院的洗涤、灌溉

PP-R 管　　　　　　　　　　　　PP-R 管配套管件

❷ 镀锌钢管

　　镀锌钢管是最传统的给水管，它有很好的机械强度，耐高压、耐震动，质量较轻，单管长度长，可达 6 m，接口为螺纹，现场加工方便。

　　镀锌钢管的规格与 PP-R 管基本一致。镀锌钢管在庭院中主要选用外径为 20 mm（4 分管）、

25 mm（6分管）的产品。

镀锌钢管与PP-R管相比，最大的优势是可以布设在山石、景观、建筑等造型多样的构造中。镀锌钢管质地坚硬，能在水泥砂浆、混凝土、岩石、砖块、土方等物质的挤压下而不破裂。使用时，能直接填埋至土方层中，如果需要深埋或浸泡在水中，则需要在表面涂刷防锈漆。由于镀锌钢管容易生锈，故不能直接用作饮用水的给水管，只能用于灌溉和景观循环用水。

表1-4　镀锌钢管管径规格一览（单位：mm）

规格		外径	标准壁厚	最小壁厚	米重（kg）	根重（kg）
公称内径	英寸					
DN20	3/4	26.9	2.8	2.45	1.66	9.96
DN25	1	33.7	3.2	2.8	2.41	14.46
DN32	1.25	42.4	3.5	3.06	3.36	20.16
DN40	1.5	48.3	3.5	3.06	3.87	23.22
DN50	2	60.3	3.8	3.33	5.29	31.74
DN65	2.5	76.1	4	3.5	7.11	42.66
DN80	3	88.9	4	3.5	8.38	50.28
DN100	4	114.3	4	3.5	10.88	65.28
DN125	5	140	4.5	4.2	15.04	90.24
DN150	6	168.3	4.5	4.2	18.18	109.08

镀锌钢管为铁制品，抗压性强，规格丰富，但是不耐锈蚀，在庭院中主要用作给水管，规格主要选用DN25、DN32、DN40，需要在外部涂刷防锈涂料

镀锌钢管

镀锌钢管配套管件

镀锌钢管配套管件要能与对应规格的镀锌钢管相匹配，螺口大小要与镀锌钢管的管径一致，可选择高品质的不锈钢产品

❸ 铝塑复合管

铝塑复合管又称铝塑管，是一种中间层为铝管，内外层为聚乙烯或交联聚乙烯，层间采用热熔胶黏合而成的多层管。铝塑复合管具有聚乙烯塑料管耐腐蚀与金属管耐高压的双重优点，是最早替代铸铁管的给水管，具有稳定的化学性质。这种管材无毒，无污染，表面及内壁光洁平整、不结垢，质量轻，能自由弯曲。在工作温度不高于 60 ℃、工作压力不大于 0.4 MPa 的条件下，铝塑复合管的使用寿命可达 50 年。

表1-5　铝塑复合管管径规格一览（单位：mm）

标称规格	公称外径	公称内径	圆度		壁厚		内层塑料最小壁厚	外层塑料最小壁厚	铝管最小壁厚
			管盘	直管	最小	公差			
0812	12	8.3	≤ 0.8	≤ 0.4	1.6	+ 0.5	0.7	0.4	0.18
1216	16	12.1	≤ 1	≤ 0.5	1.7	+ 0.5	0.9	0.4	0.18
1620	20	15.7	≤ 1.2	≤ 0.6	1.9	+ 0.5	1	0.4	0.23
2025	25	19.9	≤ 1.5	≤ 0.8	2.3	+ 0.5	1.1	0.4	0.23
2632	32	25.7	≤ 2	≤ 1	2.9	+ 0.5	1.2	0.4	0.28
3240	40	31.6	≤ 2.4	≤ 1.2	3.9	+ 0.6	1.7	0.4	0.33
4050	50	40.5	≤ 3	≤ 1.5	4.4	+ 0.7	1.7	0.4	0.47
5063	63	50.5	≤ 3.8	≤ 1.9	5.8	+ 0.9	2.1	0.4	0.57
6075	75	59.3	≤ 4.5	≤ 2.3	7.3	+ 1.1	2.8	0.4	0.67

铝塑复合管中间有铝合金夹层，适用于庭院中的生活用水、灌溉用水给水管。能适度弯曲，管壁较厚，不会轻易断裂，抗压性较强，能直接埋入植被土层中

铝塑复合管

铝塑复合管配套管件

铝塑复合管的配套管件多为不锈钢材质，通过挤压、绑扎方式固定，安装、拆卸都很方便

④ PVC 管

　　PVC 管全称为聚氯乙烯管，是由聚氯乙烯树脂与稳定剂、润滑剂等配合后，采用热压法挤压成型的塑料管材。PVC 管可以分为软 PVC 管与硬 PVC 管，其中硬 PVC 管约占市场的 70%。

　　PVC 管具有良好的水密性，无论采用胶黏结还是采用橡胶圈螺旋连接，均具有良好的水密性。该管材抗腐蚀能力强、耐酸、耐碱、易于粘结、价格低、质地坚硬，不受潮湿空气、水分、土壤酸碱度的影响，适用于输送温度不高于 45 ℃的排水管道。PVC 管还具有较好的抗拉、抗压强度，管壁非常光滑，对水流的阻力很小，管壁内部的抗压性能不强，内部压力不得大于 0.3 MPa，仅适用于无水压的排水管。

　　PVC 管的规格有 ϕ40 ～ ϕ150 mm 等多种，管壁厚 5.3 ～ 10 mm，较厚的管壁还被加工成空心状，隔声效果较好。ϕ40 ～ ϕ80 mm 的 PVC 管主要用于连接庭院水池排水，ϕ100 ～ ϕ150 mm 的 PVC 管主要用于连接排水主管。其规格以 ϕ75 mm 的 PVC 管为例，外经 ϕ75 mm，管壁厚 2.3 mm，长度为 4 m。

PVC 管管径规格一览（单位：mm）

公称内径	英寸	外径	管壁厚
40	1 + 1/2	50 ± 0.3	5.3 ± 0.8
50	2	63 ± 0.3	6 ± 0.9
65	2 + 1/2	75 ± 0.3	6.6 ± 1
80	3	90 ± 0.3	7.3 ± 1.1
100	4	110 ± 0.4	8 ± 1.2
125	5	140 ± 0.4	9.3 ± 1.4
150	6	160 ± 0.5	10 ± 1.5

注：公称内径是指管材作为商品销售的通用标称数
　　据，又称为商品尺寸；外径与管壁厚是指厂家
　　生产时的技术尺寸。

　　PVC 管抗老化性能好，内壁光滑阻力小，不结垢，容易成型，物理性能佳。PVC 管管道配件齐全，在庭院中如果要深埋至土方中，需要在管道外围套上稍大规格的镀锌钢管，用于提升抗压能力

PVC 管与配套管件

如何避免 PVC 管漏水

当选购的 PVC 管尺寸大于所需要的尺寸时，涂刷黏结剂后，会导致间隙太小，只能插入一部分，导致硬 PVC 管试压时脱节漏水；当选购的 PVC 管尺寸小于所需要的尺寸时，间隙会过大，如果仅靠黏结剂去填补缝隙，会导致 PVC 管黏结不紧密，也会导致脱节漏水。使用不符合要求的黏结剂也会导致发生漏水现象，黏结后需要预留 48 小时来对 PVC 管充分固化养护，等 PVC 管完全固化后再用螺栓固定，继续施工。

使用切割机慢慢对 PVC 管进行切割，以免速度过快导致 PVC 管碎裂

用砂纸打磨刚刚切割过的 PVC 管，直至表面光滑且用手触碰无明显的刺痛感

测量 PVC 管尺寸　　　切割 PVC 管　　　打磨 PVC 管　　　PVC 管涂胶

使用卷尺测量 PVC 管的各项尺寸，确保所选用的 PVC 管尺寸符合要求

先清理 PVC 管表面，再用小刷子蘸取适量的黏结剂涂刷 PVC 管口四周，注意要涂刷均匀

1.3.4 水路设计与施工

下面以一个庭院为例，讲解庭院水路的设计与施工过程。

1. 熟悉设计图纸

了解水景设计效果，认真识别管线的平面布局、管段的节点位置、不同管段的管径、管底标高、其他设施的位置等。

庭院呈十字形布局，将主要功能区划分为菜地、停车位、浇灌水池、活动区、走道、健步区等区域，拓展出更多的使用功能

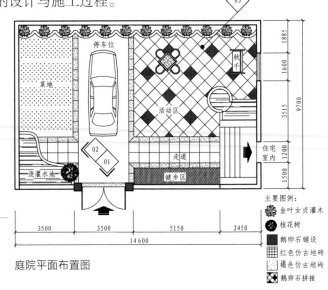

庭院平面布置图

主要图例：
金叶女贞灌木
桂花树
鹅卵石铺设
红色仿古地砖
褐色仿古地砖
鹅卵石拼接

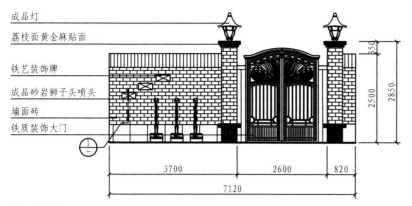

成品灯
荔枝面黄金麻贴面
铁艺装饰牌
成品砂岩狮子头喷头
墙面砖
铁质装饰大门

350
2500
2850

3700　2600　820
7120

01 立面图

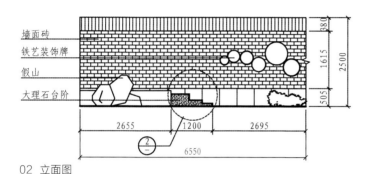

墙面砖
铁艺装饰牌
假山
大理石台阶

380
1615
2500
505

2655　1200　2695
6550

02 立面图

围合封闭是传统风格庭院的首选设计方式，内部装饰细节较多，选材用料丰富，注重墙面装饰材料搭配与构造细节的衬托，可以选用体块较小的装饰墙面砖，并统一运用到地面上。围墙的结构要求稳固结实，控制好高度，超过 2500 mm 后会带来闭塞感，因此可以在墙面上分层铺装砖石来丰富视觉的层次感

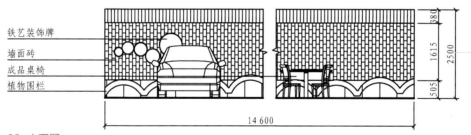

铁艺装饰牌
墙面砖
成品桌椅
植物围栏

380
1615
2500
505

14 600

03 立面图

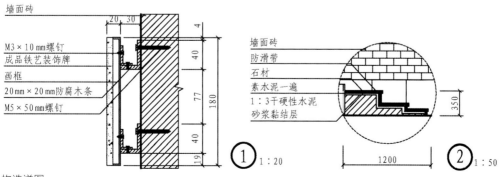

墙面砖

M3×10 mm螺钉
成品铁艺装饰牌
画框
20 mm×20 mm防腐木条
M5×50 mm螺钉

20　30
4
40
77
180
40
19

墙面砖
防滑带
石材
素水泥一遍
1：3干硬性水泥
砂浆黏结层

350

1200

① 1：20

② 1：50

构造详图

比较封闭的庭院适用于追求私密性的一层住宅，设计有停车位、绿化景观、休闲桌椅等构造，围墙高耸，给人带来很强的安全感

闲置的菜地可以铺设草坪，搭配零散的山石，点缀庭院的边角空间

庭院全景效果图

壁泉

休闲座椅

菜地

院墙设计壁泉，水流向下集中在容器中，运用水泵循环使用

休闲座椅搭配太阳伞，成为庭院的休闲核心区

围墙边预留水龙头用于花台植物灌溉，兼顾洗车功能

从室内空间延伸出的给水管，延伸到庭院中，形成环状管网，保持各处水压均衡

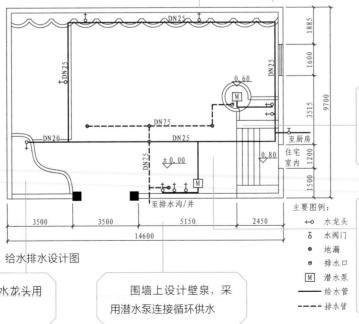

给水排水设计图

主要图例：
- ⊢○┤ 水龙头
- ⏀ 水阀门
- ○ 地漏
- ⊙ 排水口
- Ⓜ 潜水泵
- —— 给水管
- ----- 排水管

在入户门前的水池中安装潜水泵，能让景观用水保持循环

设计排水点能汇集庭院中的雨水与景观溢出水，通过PVC排水管集中排至庭院外部的排水沟或排水井

菜地预留水龙头用于种植灌溉

围墙上设计壁泉，采用潜水泵连接循环供水

❷ 放线定位

清除有碍管线施工的设施和建筑垃圾。根据管线的平面布局，利用相对坐标和参照物，把管线的节点放在场地上，连接相邻的节点即可。

❸ 抽沟挖槽

根据给水管的管径确定挖沟的宽度。水管一般可以直接埋在天然地基上，不需要做地基处理，遇到承载力达不到要求的地基土层，应做垫砂或地基的加固处理。

清除地面植被后，在地面放线定位，用激光水平仪确定方向

根据放线标记开凿地面。开出的凹槽宽度、深度约为水管直径的2倍

放线定位　　　　　　　抽沟挖槽

❹ 管线安装

准备好安装所需的材料，比如管材、安装工具、管件和附件等。材料准备好以后，计算相邻节点之间需要的管材和各种管件的数量，安装顺序一般是先干管后支管再立管。

❺ 覆土填埋

管线安装好以后，先通水检验管道无渗漏情况再填土，填土前用砂土或石材填实管底和固定管道，避免水管悬空和移动，防止填埋过程中压坏管道。具有装饰形体的水景构造要完全遮掩住内部管线构造。

在庭院户外地面布设给水管，多采用螺栓固定套管，方便维修拆卸

管线安装　　　　　　　覆土填埋

布管完毕后，要通水检测水压，水压保持在0.8 MPa。24小时不漏水不渗水，方可回填覆盖，并轻度压实

1.3.5　喷灌技术

　　面积稍大的庭院绿地可以设计喷灌水路，替代传统的人工拖管浇灌，能在很大程度上降低庭院绿地的保养成本，同时降低人工劳动强度，提高庭院档次。喷灌方式有以下两种。

移动式喷灌

　　移动式喷灌适用于小庭院绿地景观，其水泵、管道和喷头都是可以移动的。设备不必埋在地下，成本投入较低，操作使用方便。

固定式喷灌

　　固定式喷灌有固定的泵房，阀门设备、管道都埋在地下，喷头固定在立管上。现在多运用地埋伸缩式喷头，连喷头也是埋在地下的，平时缩入套管内，工作时利用水压使喷头上升到一定的高度后喷洒。目前这种形式应用相对广泛。

　　移动式喷灌系统适用于小庭院，如果绿化面积在 50 m² 左右，只需要购置一两件移动式喷灌机，通过配套的给水软管连接水龙头即可

　　固定式喷灌系统需要给水管连通管道，在喷灌部位安装喷头，需要额外安装水泵，并布置电路。喷灌区域固定，1 个喷灌头能喷灌 20 ~ 35 m²

移动式喷灌

固定式喷灌

1.3.6　污水处理

现代城市对庭院的污水排放也提出了严格的处理要求。污水量必须考虑本区域的实际承受状况，在住宅庭院中，污水量与给水量基本持平。大型景观项目可以利用市政排水系统。

现代普通小庭院污水只要没有经过除庭院观赏、灌溉以外的污染，都可以直接排入非生活污水系统中。如果已经经过了二次运用，比如盥洗、养鱼等，就应该排放到生活污水管道中统一处理。在部分城市，排放生活污水要收费，这会增加生活成本。如果在鱼池旁安装污水处理器，就能随时净化鱼池，并实现鱼池自动换水

鱼池污水处理系统

1.4　供电照明

没有适当的照明，形式与功能设计得再好，庭院在夜晚也会变得不安全，且无法得到充分利用。诸如绿化、山石、水景、通道等元素，都需要照明来完善美学、功能和安全的设计需求。道路需要一定强度的光照，而假山石就不适合高强度照明。

1.4.1　照明基础

在庭院内设置小型照明，光源高度一般为 3 ~ 4.5 m，包括连续不断的聚焦点照明和景观照明。由于户外照明电源一般由室内提供，因此不宜采用声控开关，即使是入户花园也应该设置触摸延时开关，这样可以很好地节约能源。

庭院照明

庭院是室内空间的延伸，可在开放的建筑构造下安装灯具，对庭院的局部空间进行照明。筒灯应安装在建筑楼板上，结构应应坚固，高度在 3 m 左右，开关设置在室内，方便控制

各种照明术语的含义

1. 流明（lm）：光通量单位，指一个光源在一个单位时间内发出的可见光总量。

2. 勒克斯（lx）：国际标准测量照度的单位。被光均匀照射的物体，在 $1m^2$ 面积上所得的光通量是 1lm 时，它的照度是 1lx。

3. 亮度：是指发光体光强与光源面积之比，定义为该光源单位的亮度，即单位投影面积上的发光强度（亮度＝光强÷面积）。

4. 功率：测量灯如何将电能（W）转换为光能（lm）的效率，而不考虑它的照明效力。不能假定一个功率高的灯就会比功率低的灯照明效果好。

5. 光衰：随着时间的消耗，灯输出的有效光将会衰减至原始照度的 50% ~ 70%。通常设计新灯具的初始照度是其需要量的 1.5 ~ 2 倍，避免超过灯的预期寿命而造成光照不足。

1.4.2　照明方式与质量

　　庭院照明不仅能创造一个明亮的庭院环境，满足夜间活动的需要，还是塑造庭院景观的重要手段之一。例如，绚丽明亮的灯光可以使得庭院气氛更为热烈、生动、富有活力，柔和温暖的灯光会使整个庭院更加宁静、舒适。

照明方式

　　布置庭院灯光，必须对照明的方式有所了解。庭院照明的方式主要有下列三种：

　　（1）一般照明：不考虑局部的特殊需要，而是为整个场所而设置的照明。这种照明方式的一次性投入少，照度均匀。

　　（2）局部照明：对某一局部构造（比如雕塑等）进行的照明。当局部位置需要高照度并对照度方向有所要求时，宜采用局部照明，但是整个庭院不应只设置局部照明而无全局照明。

　　（3）混合照明：由一般照明和局部照明组合而成。在需要较高照度并对照射方向有特殊要求的场合，宜采用混合照明。

　　局部照明采用射灯，灯具安装在庭院中分散的局部，主要在绿化植物与墙角处，便于隐藏灯具与线路。局部照明能提升庭院空间的重点造型，将人的视觉中心集中引导至观赏景物上

一般照明

局部照明

　　灯具安装在庭院中央的构造立柱上，可以让整个庭院空间获得多方位的均衡照明

　　混合照明的灯具配置丰富，在庭院顶面构筑廊架，分散安装灯具，同时借用室内灯光拓展强化庭院照明。植物景观处也设置了局部照明，突出景观效果

混合照明

❷ 照明质量

　　照明均匀度在照明设计中是一个重要的指标。人置身于庭院环境中，如果有亮度不同的表面，当视线从一个面转换到另一个面时，眼睛要有一个适应过程。若适应过程经常反复，就会导致视觉疲劳。因此，在考虑庭院照明时，周围环境中的亮度分布应力求均匀。

　　眩光是影响照明质量的因素之一，它是指由于亮度分布不当或亮度变化幅度过大所造成的观看物体时的不适感觉。为了防止眩光产生，常采用的方法是：注意照明灯具的最低悬挂高度；使用发光面积大、亮度低的灯具。

　　将灯具安装在庭院构造的转折部位，人在庭院中无法直接看到灯具的形态，灯光经过反射再投射到庭院中各个界面上，形成均衡且全面的反光效果。这种照明效果适用于面积较小的庭院

均匀照明与避免眩光

1.4.3　灯具光源品种

❶ 光源色彩

　　色彩带给人的视觉效果是不同的。红色、橙色、黄色给人以温暖的感觉，称为暖色光；蓝色、青色、绿色、紫色则给人以寒冷的感觉，称为冷色光；自然光为接近太阳光的颜色，称为中性光。就眼睛接受各种光的颜色所引起的疲劳程度而言，蓝色、紫色最容易引起疲劳，红色、橙色次之，黄绿色、绿色、蓝绿色、淡青色等更次之。

　　暖色灯光用在绿地、花坛、花径等部位，能加重暖色，使之看上去更鲜艳。在喷泉里，各种水下灯和喷泉的水柱一起，在夜色下能形成光怪陆离、虚幻缥缈的效果。在视野内需要有色调对比时，可以在被观察物和背景之间适当设计出色调对比的效果，以提高识别度，但对比不宜过分强烈，以免引起视觉疲劳。

暖色光能营造出温馨的氛围，适用于面积较小的庭院，灯光色彩宜与室内空间一致

中性光的显色性较好，能高度还原建筑构造的本色，适用于对称式庭院的建筑构造

暖色光

中性光

冷色光

冷色光多用于水下照明，能突出水的质感与幽静，与庭院中建筑构造的暖色光形成对比

❷ 灯具品种

目前广泛用于照明灯具的光源主要为 LED 灯，灯具外观形式多样，灯光色彩丰富。灯具的作用是固定光源，把光源发出的光通量分配到需要的地方，防止光源引起的眩光，保护光源不受外力及潮湿等因素的影响。常见的庭院灯具有以下六种：

（1）顶灯。安装在屋檐下，与建筑构造融为一体，是室内照明向外的延伸。

（2）壁灯。壁灯的造型与室内壁灯类似，安装在装饰墙面或门柱上，灯光与墙面的纹理质感形成呼应。

（3）台阶灯。位于楼梯台阶的垂直面上，将台阶平面照亮，给上下台阶的行为提供照明指引。

庭院中安装在建筑屋顶楼板上的顶灯均为筒灯，它将室内空间的照明效果复制到庭院中，但是空间周边至少要有两面墙体围合，以形成良好的空间聚光效果

顶灯

壁灯的照明效果是装饰形体，投射出的灯光形成梯形光斑，与墙面的纹理交相辉映

台阶灯

壁灯

台阶灯的布局在整体尺寸、形象、装饰的手法上，应当与整体建筑风格一致，特别是要与大门的建筑构造相协调

（4）庭院灯。用在庭院中既是照明器材，又可以是艺术品。庭院灯在造型上美观新颖，令人心情舒畅，能分散照亮庭院中的树木、草坪、水池、假山等。

（5）草坪灯。放置在草坪中，上部有灯罩，将灯光集中照射在草坪表面，以烘托草坪平整宽广的气氛。

（6）水池灯。具有良好的密封防水性，完全浸泡在水中，经水的折射后产生色彩艳丽的光线，五彩缤纷的光色与水柱能吸引人的视线。

灯具外形尽可能艺术化，形态袖珍化，灯具自身以黑色居多，在夜间让人忽视灯具的存在，而只关注灯光

庭院灯

草坪灯

水池灯

庭院灯多为防水射灯，安装在庭院的绿植与水景构造中，但不浸泡在水中，光照方向主要面向绿化植物与水面

灯具与线路均浸泡在水中，需要在线路的接头上做好密封。灯具从水中向上照射，形成星罗棋布的光斑，改变了夜间水面深暗单调的视觉效果

1.4.4 照明设计方法

1. 照明原则

（1）不要平均化设置照明灯具，应结合庭院景观的特点，以最能体现灯光效果为原则来布置照明灯具。

（2）灯的照射方向和颜色的选择，应以能增强树木、灌木和花卉的美观性为主要前提。例如，针叶树在强光下形态良好，一般只宜采取暗影处理法。又如，暖色灯光能加深红色、黄色花卉的色彩，使它们显得更加鲜艳，而小型投光器的使用会使局部的花卉色彩绚丽夺目。

庭院综合照明

灯具安装在树木下，灯具的形体被矮墙遮挡，人在庭院中看不到灯具，避免了眩光产生

建筑墙面安装壁灯，向下照射形成扇形光斑

面积稍大的庭院多采取多元化分散照明，在不同区域内安装灯具，对重点构造进行重点照明

装饰围炉中，灯光与风扇模拟山火焰效果

（3）水中照明能反映水面周边的构造，同时展现出波光粼粼的意境。一般将灯具布置在水面之下30～100 mm为宜。

（4）彩色装饰灯可制造节日气氛。这种装饰灯光不能营造宁静、安详的气氛，也难以表现出大自然的壮观景象，只能有限度地调配使用。

水下灯

装饰灯

灯具位于水下，灯光投射到汀步岩板的侧壁上，形成窄小而强烈的光斑效果

装饰灯具多为零星发光体组合，它降低了灯光强度，弱化了眩光，最终形成的光照效果比较均衡

❷ 植物饰景照明

在夜间环境下，照明既能创造出树叶、灌木、花草安逸祥和的效果，也能表现出绚丽多彩的气氛。植物饰景照明可以采用以下方法：

（1）关注植物的几何形状，比如圆锥形、球形、塔形等，以及植物在庭院中的展示效果。照明类型必须与植物的几何形状一致。

（2）对于淡色和耸立的植物，可以用强光照明，以获得轮廓造型的效果。

（3）不应使用光源去改变树叶原来的颜色，但可以用光源的色彩加强植物的外观形体。

（4）许多植物颜色和外观随着季节变化，照明应适应植物的这种变化。

（5）照明布置完成后，在被照明物的附近多角度观察照明目标，注意消除眩光。

（6）对于未成熟及未伸展开的植物，一般不施以装饰照明。

（7）灯具应选用密封性较好的产品，并能耐除草剂与除虫药水的腐蚀。

面积较小的庭院可以设计成户外会客厅的形式，将家具布满庭院的主体空间

背景墙的中心设计突出造型，背后安装绿色灯带加强了墙面层次

建筑屋顶露台庭院没有顶部构造或较高的墙面，可以设计数量较少的射灯来进行集中照明

绿化墙选用爬藤植物作为主体背景，灯具从下向上照明

庭院绿化背景墙照明

安装在建筑边角的射灯虽然会形成眩光，但是夜间在露台庭院的活动并不多，射灯的光照主要满足人站在阳台上观望庭院的需要

沿着墙壁构筑绿化带，在绿化带中安装灯具，照亮绿化植物的同时还能规避眩光

庭院分散绿化墙照明

装饰照明

在座椅家具上方安装张拉膜遮阳篷，在张拉膜的绳索上挂置灯具，为张拉膜提供轮廓装饰效果

点缀照明

庭院顶面没有固定的围合构造，可在地面上摆放灯具，形成点缀效果，这种照明适用于夜间活动不多的庭院

1.4.5 电路线材

小庭院中的电路线材除了供照明使用，还要为电器设备供电，比如烧烤餐饮设备、背景音响、安防监控等。

 护套电线

护套电线是在室内施工的单股电线的基础上增加了一根同规格的单股电线，即成为一个独立回路，这两根单股电线即为一根火线（相线）与一根零线，部分产品还包含一根地线，外部包裹有 PVC 绝缘套统一保护。护套电线具有较强的耐候性，适用于风吹日晒的庭院。

护套电线内芯的绝缘层较柔软，PVC 绝缘套多为白色或黑色，内部电线为红色与彩色，安装时可直接埋设到墙内，使用也较方便

护套电线

护套电线卷

护套电线与单股电线一样，都以卷计量，并在其表面贴有产品参数，多放置在干燥环境中储存

护套电线以卷计量，每卷线材的长度标准应该为 100 m。护套电线的粗细规格通常会根据铜芯的截面面积进行划分，普通照明用线选用 1.5 mm²，插座用线选用 2.5 mm²，烧烤炉具等大功率电器设备的用线选用 4 mm² 以上的电线。

表 1-7　铜芯线规格与载荷一览

线截面面积（mm²）	最大承载电流（A）	最大承载功率（kW）
1	5	1320
1.5	18	1980
2.5	26	3300
4	32	5280
6	47	7920
10	66	13 200
16	92	21 120

注：表中最大承载电流与最大承载功率是在 30 ℃环境下的标准，如果将铜芯线换成铝芯线，承载电流与承载功率均应在此基础上乘以 0.8。

② 音箱线

音箱线用于连接功放与音箱，由高纯度铜或银作为导体制成，主要由电线与连接头两部分组成，其中电线为双芯屏蔽电线，主要用于播放设备、功放、主音箱、环绕音箱之间的连接。常见的音箱线由大量铜芯线组成，有 100 芯、150 芯、200 芯、250 芯、300 芯、350 芯等多种规格。其中使用最多的是 200 芯与 300 芯音箱线。200 芯能满足基本需要，如果对音响效果要求很高，则可以选用 300 芯音箱线。

> 音箱线在工作时要防止外界的电磁干扰，需要增加锡与铜线网作为屏蔽层，屏蔽层的厚度通常为 1 ~ 1.3 mm

音箱线连接头   300 芯的音箱线   音箱线屏蔽层

> 常见的音箱线连接头有 RCA 即莲花头音频线、XLR 即卡农头音频线、TRS JACKS 即插笔头等

> 300 芯的音箱线适用于对音响效果要求很高、声音异常逼真，且不会有过多杂音的场所

③ PVC 穿线管

PVC 穿线管是采用聚氯乙烯（PVC）制作的硬质管材，它具有优异的电气绝缘性能，且安装方便，适用于庭院工程中各种电线的保护套管，使用率达 90% 以上。根据连接形式的不同可将其分为螺纹套管与非螺纹套管，其中非螺纹套管较为常用。

> 如果穿线管的转角部位很宽松，还可以使用弯管器直接加工，这样能有效提高施工效率

PVC 穿线管   PVC 波纹穿线管   弯管器

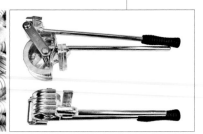

> 为了在施工中有所区分，PVC 穿线管有红、蓝、绿、黄、白等多种颜色，根据需要选用即可

> PVC 波纹穿线管具有很好的阻燃性，使用灵活，可选用同等规格的波纹管用于转角处

PVC 穿线管的规格有 ϕ 16 mm、ϕ 20 mm、ϕ 25 mm、ϕ 32 mm 等多种，内壁厚度通常应大于 1 mm，长度为 3 m 或 4 m。在庭院布置电路时，将护套线穿入 PVC 穿线管，即可埋入土石方或建筑构造中，应注意密封转角与接口部位。

1.4.6　照明设计与施工

 熟悉设计图纸

下面延续"1.3.4　水路设计与施工"的庭院设计案例，介绍庭院中的照明设计与施工方法。了解照明线路布局，先要识别电线的平面布局，明确开关、插座、灯具的位置等。

一路为照明、监控摄像机、潜水泵供电，这些用电设备功率较低，电路为零线＋火线配置一个回路

另一路为插座供电，满足庭院中大功率电器设备的用电需求，比如洗车机、喷灌机、烧烤电炉等。电路为零线＋火线＋地线配置一个回路

从室内空间延伸出来的电线，根据使用功能分配，主要分为两个回路

照明与电路布置图

 墙面、地面放线定位

根据设计图在建筑构造的界面上放线定位，用墨线标记线路布设位置，采用开槽机在建筑构造的界面上开槽。

用激光水平仪投射出激光线，垂直进行定位，在墙面上标记出线槽的位置

用激光水平仪投射出激光线，在地面上进行定位，标记出线槽的位置

用开槽机在地面上开槽，开槽的深度约为 30 mm，宽度为 30～40 mm

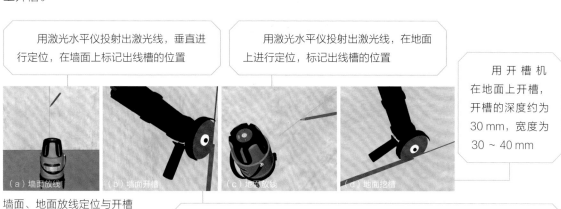

（a）墙面放线　　（b）墙面开槽　　（c）地面放线　　（d）地面挖槽

墙面、地面放线定位与开槽

用开槽机在墙面上开槽，开槽的深度约为 20 mm，宽度为 20～25 mm

❸ 穿管布线

将电线穿入穿线管，并将穿线管放置在开好的线槽内，采用水泥砂浆封闭固定。在接线盒与用电设备旁预留出一定长度的电线。

> 将电线穿入穿线管，每根穿线管内为一个回路，内置电线为火线（红色）、零线（蓝色）、地线（黄绿色）

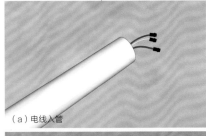

（a）电线入管

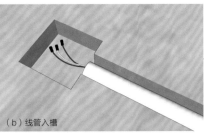

（b）线管入槽

> 穿线管多选用 ϕ18 mm 的 PVC 管，将穿好电线的穿线管埋入线槽中

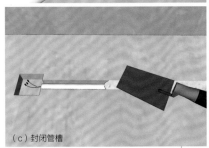

（c）封闭管槽

（d）安装接线盒

穿管布线

> 在需要安装灯具或电器设备的位置安装 PVC 接线盒，将电线引至接线盒内

> 采用 1 ： 2 水泥砂浆填补线槽，将穿线管固定在线槽中

❹ 安装灯具设备

将灯具安装在建筑构造的界面上，连接电线，通电测试。

> 在电线末端安装接线端子，将接线端子与灯具的电线对接，形成电路联通

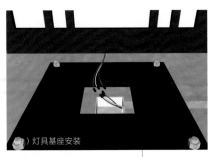

（a）灯具基座安装

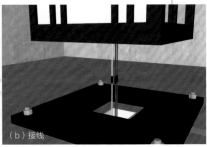

（b）接线

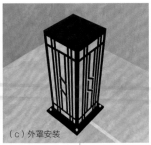

（c）外罩安装

安装灯具设备

> 在灯具安装部位预先安装灯具基座，灯具基座采用膨胀螺栓或膨胀螺钉安装在地面的水泥砂浆层或混凝土层上，保持稳固

> 将灯具外罩安装至灯具基座上，完成灯具安装

2 庭院基础工程
——地面

多种地面材料铺装

▲ 在庭院功能分区设计的基础上，选择多种多样的
地面材料进行铺装，形成丰富的视觉效果

📖 本章导读

　　地面铺装根据不同强度可以分为高级铺装、简易铺装和轻型铺装。高级铺装适
用于交通量大且多重型车辆通行的地面；简易铺装适用于交通量小、几乎无大型车
辆通过的道路；轻型铺装用于交通量小的园路、人行道、广场等场所的地面，无设
计预算标准，可以根据一般地面的断面结构来设计，庭院的地面铺装多为此种铺装
方式。

2.1　地面铺装

地面铺装是采用建筑构造与装饰材料对庭院地面进行铺装，铺装材料丰富，且每种材料的铺装方法均不相同。

2.1.1　地面铺装基础

 铺装功能

地面铺装能使裸露的地面更具稳定性，下雨天也不会泥泞，且能有效降低杂草生长率。庭院道路具有导向性，还能与植被相互衬托，进而营造出自然、柔和的庭院氛围。

露台铺面多选用砖、石材料，铺设比较规则，铺面整体感比较强

露台铺面

植被区铺面

植被区铺面多运用草坪与灌木组合，形成错落搭配的层次感

在庭院核心区域铺装砖石材料，将边缘处理为具有动感的弧形。为了进一步提升层次感，可以在铺装区域外围设置植栽区或草坪，形成具有动感的铺面效果

具有动感的铺面

砖块铺装的基本形式

砖块铺装形式多样,主要有散射、阵列、错位、回旋、人字、纵横几种。

散射铺装

散射铺装是从中央向四周扩散,形成放射状且艺术感较强的铺装效果,可使用形体较小的砖块或对砖块进行必要的裁切加工。砖块之间的间隙宽窄不一,采用水泥砂浆来填补

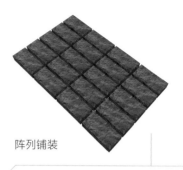

阵列铺装

阵列铺装是最常规的铺装方式,缝隙宽度预留略大,一般为 10 ~ 15 mm,砖块之间不依靠相互咬合形成附着力

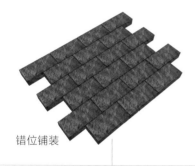

错位铺装

错位铺装的目的是增大砖块间的摩擦力,因此砖缝要紧密,宽度一般为 5 mm 左右

回旋铺装

回旋铺装能让砖块形成较小的铺装单元,需要对部分砖块进行 50% 的裁切,获得位于回旋中央的小块砖,整体铺装具有重复审美特性。砖缝要紧密,宽度一般为 5 mm 以下

人字铺装

人字铺装是将一块砖块的短边紧贴另一块砖的长边的头端,单元体形似"人"字造型。砖缝要紧密,宽度一般为 5 mm 以下

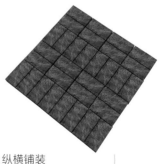

纵横铺装

纵横铺装是将砖块两纵两横相结合,形成密集且烦琐的肌理质感。砖缝适中,宽度一般为 5 mm 左右

（1）砂石填缝法。采用较细碎的砂石进行填缝处理，砖块铺装完毕后，将砂石直接撒在砖块表面，再用扫帚将砂石扫至砖缝中。

（2）砂浆填缝法。采用水泥砂浆作为黏结材料，铺装时在砖块侧面用水泥砂浆黏贴，最后将干质水泥粉末与河砂按 1：2 的比例混合，撒在砖块表面，再用扫帚将其扫至砖缝中。也可以选用专用复合砂浆替代干质水泥粉末与河砂的混合物。

选用的砂石多为瓜米石，或粒径为 5 mm 以下的碎石，主要填充宽 10 mm 以上的砖缝

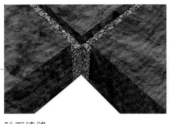

选用 1：2 水泥砂浆，主要填充宽 5 mm 左右的砖缝

砂石填缝　　　　　　　砂浆填缝

2.1.2　砖石地面铺装

砖石地面铺装多选用高密度仿古砖、通体砖、天然石材、人造混凝土砖等砖材，铺贴规格较大。下面以成品预制混凝土砖为主要材料，介绍地面砖石的铺装施工工艺。

❶ 施工步骤

（1）清理地面基层，夯实土壤层后洒水润湿。

（2）在地面放线定位，对铺装区域边缘的成品预制混凝土砖进行裁切，将预铺的砖块依次标号。

（3）在地面铺设 1：2.5 水泥砂浆，在砖块背面涂抹 1：1 水泥砂浆。

（4）将砖块铺贴至地面，用橡皮锤敲击压固，并用填缝剂填补缝隙，养护待干完成。

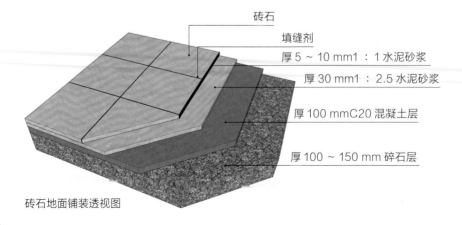

砖石

填缝剂

厚 5～10 mm 1：1 水泥砂浆

厚 30 mm 1：2.5 水泥砂浆

厚 100 mm C20 混凝土层

厚 100～150 mm 碎石层

砖石地面铺装透视图

砖石地面铺装质量好坏的关键在于基层处理。在施工前，应当整平地面凹凸部位，尤其是墙角不平整的位置；地面整平后还需刷一遍清水泥浆或直接洒水，注意不能积水，且当地面高差超过 20 mm 时，还需用 1 : 3 水泥砂浆找平

砖石地面铺装实景

❷ 施工要点

（1）砖石材料铺装前应当进行挑选，选出尺寸误差大或有损坏的材料，将其重新切割后，可用来镶边或镶角。对于有色差的砖石，可以分散使用。

（2）正式铺贴前应先经过仔细测量，绘制铺设方案，统计具体数量，以排列美观且减少损耗为目的，应重点检查庭院地面的几何尺寸是否整齐。

（3）砖石铺贴的平整度需用长 1.5 m 以上的水平尺检查，相邻砖石高度误差不应大于 1 mm。

（4）砖石铺贴过程中，其他工种不能污染或踩踏地面，勾缝需在 24 小时内进行，应做到随做随清，并做好养护与保护措施。施工完毕后应保持清洁，砖石表面不可有铁钉、碎石等硬物，以防划伤表面。

（5）竣工验收时，采用空鼓锤进行敲击检查，空鼓率应控制在 1% 以内。如果在主要通道上发现有空鼓现象，必须返工。

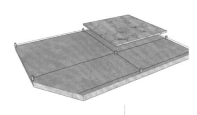

摊铺水泥砂浆

使用 1 : 2.5 水泥砂浆摊铺在地面上，铺装厚度不应小于 20 mm。将砖石预压在砂浆表面后再搬起，在砖石背面涂抹 1 : 1 水泥砂浆

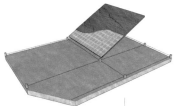

砖石铺贴

砖石铺贴之前要在交错部位拉十字线，铺贴时横、竖缝应对齐。砖石缝隙宽度大多应小于 15 mm，且大于 3 mm，缝隙应均匀。砖石边与墙交接处缝隙宽度应大于 10 mm

橡皮锤敲击砖石表面

砖石铺贴完毕后，需使用橡皮锤敲击砖石表面与四角，使所有砖石表面处于平齐状态

2.1.3 混凝土地面铺装

混凝土地面主要采用模具来塑造表面形体，造价低、施工性能好，常用于庭院中的大面积铺装，如空旷的活动聚集区与车辆停放区。混凝土地面可以采用抹子抹平或刷子拉毛，也可以采用矿物颜料着色。

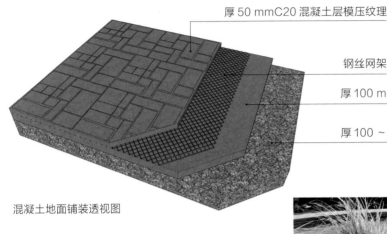

厚 50 mmC20 混凝土层模压纹理

钢丝网架

厚 100 mmC20 混凝土层

厚 100 ～ 150 mm 碎石层

混凝土地面铺装透视图

混凝土地面铺装表面的造型采用模具压制而成，模具的纹理可以根据需要选购，或运用金属、木质材料制作理想的模具

混凝土地面铺装实景

✔ 小贴士

气候与地面铺装

1. 对于干热气候，应选用较浅的砖石颜色来减少热量吸收。由于湿度低，可以采用有孔隙的铺装表面，比如单体铺路石。

2. 对于湿热气候，为了防止苔藓和水藻的生长及适应降雨，排水功能很关键。为了反射热辐射，应使用浅色砖石。

3. 对于温和气候，可选用较深的砖石颜色吸收太阳辐射。

4. 对于寒冷气候，因极端温度不同而有更多的限制。多雪地区会使用清雪设备，需要面层耐磨。化学融冰产品会导致混凝土剥蚀损坏，所以砂浆单体铺路材料需要大量勾缝，并经常维修。

2.1.4　卵石地面铺装

卵石地面主要分为水洗小砾石与卵石嵌砌这两种铺装形式。

水洗小砾石地面铺装

水洗小砾石地面主要采用小砾石对庭院中需要呈现肌理效果的区域进行铺装。铺装的基础应为混凝土界面，即在庭院地面浇筑预制混凝土后，再铺装 1：2.5 水泥砂浆。在表面撒水洗小砾石，形成密集且肌理丰富的质感。基层混凝土铺装厚度约为 100 mm，水洗小砾石铺装厚度不应小于 50 mm。

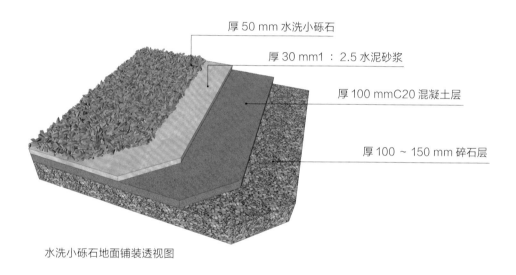

厚 50 mm 水洗小砾石

厚 30 mm1：2.5 水泥砂浆

厚 100 mmC20 混凝土层

厚 100～150 mm 碎石层

水洗小砾石地面铺装透视图

在基础混凝土未完全干燥时，铺装水洗小砾石，小砾石下层与混凝土结合，形成干固黏合的基础，上部零散铺撒即可

水洗小砾石地面铺装实景

❷ 卵石嵌砌地面铺装

卵石嵌砌地面是在混凝土层上摊铺厚 30 mm 左右的 1：2.5 水泥砂浆，然后在水泥砂浆上嵌入卵石，待完全干固后，用刷子将表面水泥砂浆整平，形成真实的凸凹感。

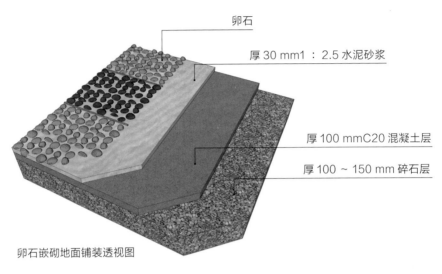

卵石

厚 30 mm1：2.5 水泥砂浆

厚 100 mmC20 混凝土层

厚 100 ~ 150 mm 碎石层

卵石嵌砌地面铺装透视图

卵石镶嵌应当紧密，每颗卵石以嵌入砂浆 60% 为佳，形成牢固的黏合效果

卵石嵌砌地面铺装实景

2.1.5　料石地面铺装

料石主要是指天然石料，如花岗岩、大理石等，能提升庭院地面质感，常用于大面积铺装。由于料石的厚度较大，多为 15 ~ 40 mm，铺装基础可以将土壤层夯实整平，利用天然石材的不同品质、颜色、石料饰面，组合出多种地面铺装形式。料石铺装的间距宽窄不一，一般为 10 ~ 50 mm。缝隙处可填充土壤或碎石。

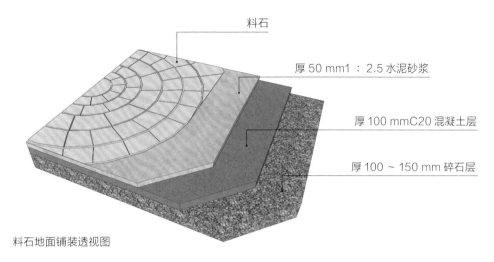

料石

厚 50 mm1：2.5 水泥砂浆

厚 100 mmC20 混凝土层

厚 100 ~ 150 mm 碎石层

料石地面铺装透视图

料石铺装所选用的石材规格不一，可以根据设计风格需要来定制铺装造型，形成自然且富有韵律感的铺装图形

料石地面铺装实景

小料石地面铺装

在欧洲，小料石地面铺装广泛用于车道、广场、人行道等场所。由于所用料石呈骰子状（正方体），小料石地面又被称为"骰石地面"。铺筑材料一般采用白色花岗岩系列，此外还有意大利出产的棕色花岗岩小料石或大理石小料石。

花岗岩小料石地面做粗糙饰面设计，接缝深，防滑效果好，但是会给穿着高跟鞋的行人带来不便。为了避免这些不便，可以选用表面较为光滑的意大利出产的棕色花岗岩小料石，或做过煅烧处理的花岗岩小料石 [90 mm×90 mm×（25 ~ 45）mm]。地面的断面结构可以根据使用地点、路基状况而定。

2.1.6　砂石地面铺装

砂石地面多采用粒径 3mm 以下的瓜米石铺装，以营造粗糙的肌理感，常用于日式枯山水庭院中的造景。铺装后可随时用耙子整形，获得几何图样。

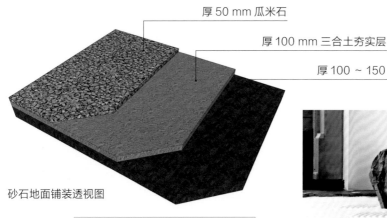

厚 50 mm 瓜米石
厚 100 mm 三合土夯实层
厚 100 ~ 150 mm 土壤夯实层

砂石地面铺装透视图

砂石地面的铺装基础为混凝土或水泥砂浆铺装地面，对铺装界面的平整度要求较高。铺装前可在铺装区域固定摆放山石，环绕山石展开铺装。此种地面不宜行走，以免破坏砂石表面造型

砂石地面铺装实景

✔ 小贴士

庭院道路的变形缝

庭院道路的变形缝一般按以下标准设置：缩缝的纵横间距为 5 m，胀缝的纵横间距为 20 m。一般的混凝土道路，若其纵缝间距为 3 ~ 4.5 m，横缩缝间距为 5 m，横胀缝间距为 20 m 左右，可使用沥青接缝板（厚 10 mm）填缝。通常混凝土地面的混凝土标准设计抗压强度为 150 kg/cm^2，最低为 135 kg/cm^2，粗骨料的粒径在 25 mm 以下。

2.1.7　塑料地面铺装

塑料地面铺装多适用于庭院游乐区，色彩搭配丰富，审美效果较好，主要分为环氧沥青塑料地面与弹性橡胶地面。

环氧沥青塑料地面铺装

环氧沥青塑料地面是将天然砂石与环氧树脂混合，浇筑在沥青或混凝土基层上，然后抹光形成的地面铺装，天然砂石与环氧树脂混合材料的铺装厚度为 10 ~ 15 mm，可进行分区分色铺装。

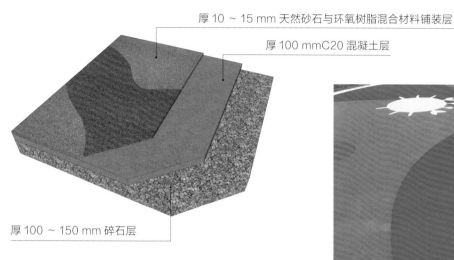

厚 10 ~ 15 mm 天然砂石与环氧树脂混合材料铺装层

厚 100 mmC20 混凝土层

厚 100 ~ 150 mm 碎石层

环氧沥青塑料地面铺装透视图

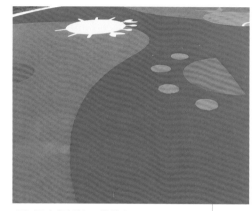

环氧沥青塑料地面铺装实景

环氧沥青塑料地面的基层要求平整，以厚 100 mm 的混凝土铺装层为主

 弹性橡胶地面铺装

弹性橡胶地面采用环氧树脂黏结剂将橡胶地板黏结在平整地面基础上，铺装基础为混凝土或水泥砂浆地面，橡胶地板厚度多为 20 ~ 30 mm。

橡胶地板拼接应紧密，但仍需保持 3 ~ 5 mm 的间距，铺装后地面上不宜放置过重的物体

厚 20 ~ 30 mm 橡胶地板

厚 100 mmC20 混凝土层

厚 100 ~ 150 mm 碎石层

弹性橡胶地面铺装透视图

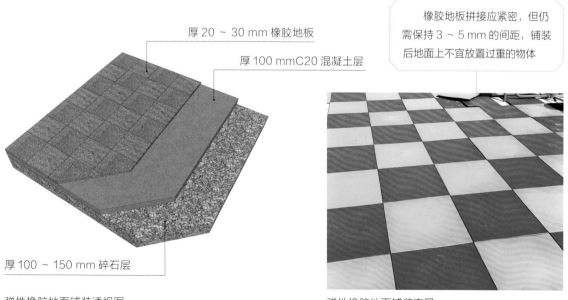

弹性橡胶地面铺装实景

2.1.8 防腐木地面铺装

防腐木是常见的庭院地面铺装材料，将具有耐久特性的原木板用防腐液进行浸泡，干燥后再经过成型加工，即可满足地面铺装需求。原木板品种多为樟子松、菠萝格等树种，板材加工后的厚度为 22 ~ 28 mm，宽度为 70 ~ 180 mm。防腐木铺装施工需要预先制作基层龙骨，龙骨间距宜为 400 ~ 500 mm。

防腐木龙骨

厚 22 ~ 28 mm 防腐木地板

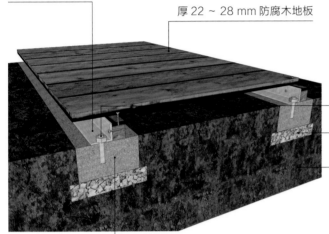

角钢与膨胀螺栓固定

厚 50 mm 碎石层

厚 100 ~ 150 mm 土壤夯实层

厚 100 mmC20 混凝土层

防腐木地面铺装透视图

防腐木铺装基础应当是坚固、平整的地面，如混凝土或水泥砂浆地面，不能固定在砂土或土壤中

防腐木地面铺装实景

2.1.9 草皮混凝土砌块地面铺装

　　草皮混凝土砌块是一种预制的混凝土砖，造型为镂空状态，中央的孔穴或孔洞可以植栽草皮，使草皮免受人、车踏压。这种铺装多用于庭院的停车区域。

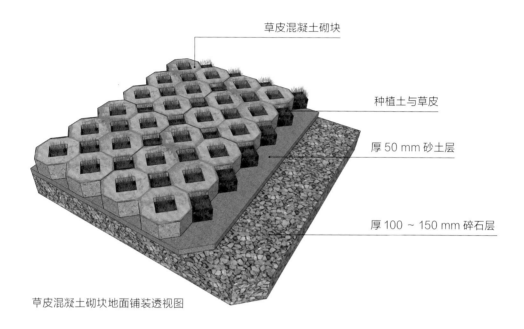

草皮混凝土砌块

种植土与草皮

厚 50 mm 砂土层

厚 100 ~ 150 mm 碎石层

草皮混凝土砌块地面铺装透视图

　　混凝土砌块铺装的基础为夯实的砂土，在砌块的孔穴或孔洞内填入砂土，能让杂草自由生长。混凝土砌块铺装缝隙宽度为 10 ~ 15 mm，其间应填充砂土使之保持紧密

草皮混凝土砌块地面铺装实景

2.1.10 沥青地面铺装

沥青材料成本低廉，沥青地面铺装施工简单、平整度高，常用于庭院的步行道、停车位地面。沥青地面主要包括透水性沥青地面与彩色沥青地面。

 ## 透水性沥青地面铺装

透水性沥青地面的面层为透水性沥青混凝土，如果庭院地面的透水性较差，可在地面基础层上额外铺设一层厚 50 ~ 100 mm 的砂土层，起到透水、排水的作用。

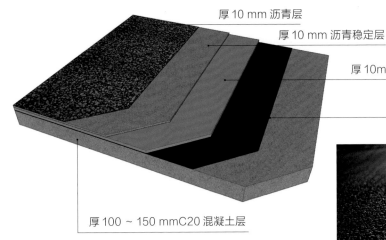

厚 10 mm 沥青层
厚 10 mm 沥青稳定层
厚 10mm 沥青黏结层
厚 10 mm 沥青底涂层
厚 100 ~ 150 mmC20 混凝土层

透水性沥青地面铺装透视图

透水性沥青地面铺装实景 1

透水性沥青地面铺装实景 2

透水性沥青地面在使用数年后多会出现透水孔堵塞、道路透水性能下降等问题，为了确保一定的透水性，对此类地面应经常进行冲洗养护

彩色沥青地面铺装

彩色沥青地面装饰效果好，施工方法与透水性沥青地面基本一致。彩色沥青地面的面层施工温度不应低于 10 ℃，以免地面出现斑纹。有车辆通行要求的彩色沥青地面，可在底部额外增加一层厚 50 mm 左右的普通沥青层。

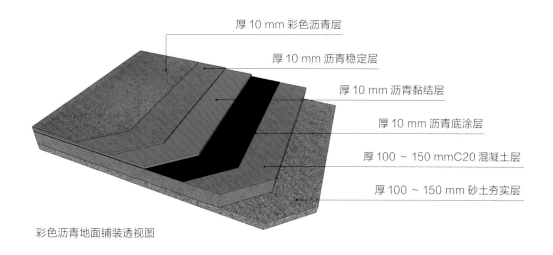

厚 10 mm 彩色沥青层
厚 10 mm 沥青稳定层
厚 10 mm 沥青黏结层
厚 10 mm 沥青底涂层
厚 100 ~ 150 mmC20 混凝土层
厚 100 ~ 150 mm 砂土夯实层

彩色沥青地面铺装透视图

要避免彩色沥青地面开裂，可在铺装构造的最底部增加一层砂土夯实层，提高承载强度

彩色沥青地面铺装实景 1　　　　　　　彩色沥青地面铺装实景 2

下表总结了上述各种地面铺装材料的优缺点。

各种铺装材料优缺点对照

铺装类型	优点	缺点
砖石地面铺装	具有防眩光表面，路面不滑，颜色范围广，尺度适中，容易维修	铺筑成本高，清洁困难，冰冻天气会发生碎裂，易受不均衡沉降影响，会风化
混凝土地面铺装	铺筑容易，可有多种颜色、质地，表面耐久，可整年使用，具有多种用途，使用期维护成本低，表面坚硬、无弹性，可做成曲线形式	需要有接缝，有的表面并不美观，铺筑不当会分解，难以使颜色一致及持久，弹性低，张力强度相对较低且易碎
卵石地面铺装	铺装成本低，拥有自然气息，能与其他地面材料搭配，质感强	表面比较光滑，铺装复杂，铺装后容易脱落
料石地面铺装	坚硬且密实，在极端易风化的天气条件下耐久，能承受重压，能抛光成坚硬光洁表面且易于清洁	坚硬致密，难于切割，有些类型易受化学腐蚀，造价相对较高
砂石地面铺装	经济性铺装材料，颜色范围广	根据使用情况每隔几年都要进行补充，可能会有杂草生长，需要加边条
塑料地面铺装	色彩鲜艳，层次丰富，能改善环境气氛，行走安静、舒适	只适于轻载，不耐磨，容易褪色，制作成本高
防腐木地面铺装	自然亲和，有弹性，能提高庭院环境档次	造价高，难保养
草皮地面铺装	与草坪表面相似，雨后能更快使用而无积水，活动表面的场地平坦，没有浇水和养护的问题	容易造成运动者受伤，比天然草地铺筑成本高
沥青地面铺装	热辐射低，光反射弱，耐久，维护成本低，表面不吸尘，弹性随混合比例而变化，表面不吸水，可做成曲线形式，也可做成通气性的	边缘若无支撑会易磨损，天热会软化，汽油、煤油和其他石油溶剂都可将其溶解，如果水渗透到底层易受冻涨损害

2.2 台阶与坡道

台阶与坡道是庭院中常见的建筑构造，是连接庭院与室内空间的过渡构造。建筑室内的地面高度通常要高于庭院的地面高度。这种高差主要用于建筑室内防潮防水，能有效防止室外空间的雨水、湿气、尘土进入室内。无论是顶层的露台花园还是底层的入户花园，大都会设计不同形式的台阶或坡道。

滑梯是一种互动性坡道，与台阶平行并列，让庭院通行更具趣味性

台阶与坡道

台阶与坡道都是庭院地面高差的连接构造，台阶的形式与楼梯相当，但是其位置不在建筑楼层之间，基础仍然是庭院地面

从室内走向室外，台阶除了能过渡高差，还能平整庭院地面。台阶宽度向外延伸，形成较平整的活动空间

庭院台阶

原有庭院地面不平整且地质松软，可以采用拓展宽度的台阶来弥补这一缺陷

2.2.1 台阶造型设计

台阶尺寸

台阶一般由踢板和踏板两个构造组成，适当降低踢板高度、加宽踏板，可提高台阶的舒适性。常见台阶尺寸有以下几种：

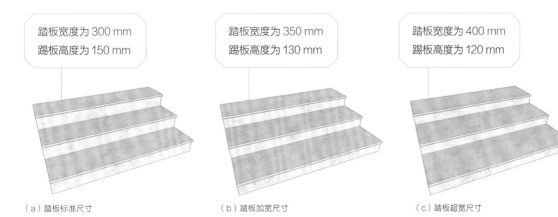

踏板宽度为 300 mm
踢板高度为 150 mm

踏板宽度为 350 mm
踢板高度为 130 mm

踏板宽度为 400 mm
踢板高度为 120 mm

（a）踏板标准尺寸　　　　　　　　（b）踏板加宽尺寸　　　　　　　　（c）踏板超宽尺寸

台阶尺寸

如果踢板高度设在 100 mm 以下，则行人上下台阶容易磕绊，比较危险。因此，应当提高台阶上下两端的排水坡度，调整地势，或取消台阶，或将踢板高度设在 100 mm 以上，或考虑做成坡道

如果台阶总长度超过 3000 mm，或是需要改变攀登方向，则出于安全考虑，应在中间设置一个休息平台，通常平台的深度为 1500 mm 左右。踏板应设置 1% 左右的排水坡度，如果有多个休息平台，则两个相邻的平台最大高差应该为 1500 mm，这样站在平台上的普通成年人就能够看到上一层平台的地面。针对落差较大的台阶，为了避免雨水从台阶上冲刷下来，应在台阶两端设置排水沟。

庭院纵深与高差较大，需要分级设计台阶，每段台阶之间设计休息平台

台阶休息平台

踢板高度应在 150 mm 以下，踏板宽度应在 350 mm 以上，台阶宽度应定为 900 mm 以上。对于比较陡峭的踏面，特别需要做防滑处理，比如铺装麻面花岗岩。此外，台阶附近应保证一定程度的照明

台阶防滑与照明

台阶扶手

扶手除保护通行者外，更多的是用于装饰，同时它还是分隔空间的重要构件。台阶扶手不同于栏杆，在设计形式上可能会与栏杆一致，但是在安装强度或自身质量上都会比普通栏杆高一个层次。例如，普通栏杆采用木质材料制作，若需木质台阶扶手，就应该采用钢结构，然后在钢材外层增加实木装饰。

一般室外台阶踏步级数超过 5 级时就需考虑设计扶手，以方便老人和残疾人使用。由于台阶扶手具有拦阻功能，故设计时应结合不同的使用场所，充分考虑栏杆的强度与装饰效果。台阶扶手常用的材料有铸铁、铝合金、不锈钢、木材、竹子、混凝土等。

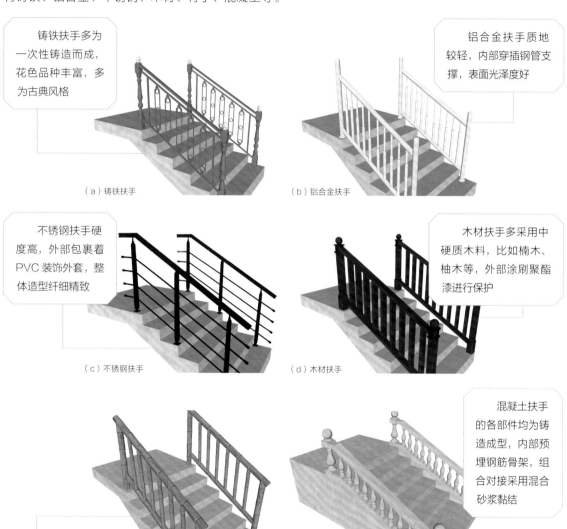

铸铁扶手多为一次性铸造而成，花色品种丰富，多为古典风格

（a）铸铁扶手

铝合金扶手质地较轻，内部穿插钢管支撑，表面光泽度好

（b）铝合金扶手

不锈钢扶手硬度高，外部包裹着 PVC 装饰外套，整体造型纤细精致

（c）不锈钢扶手

木材扶手多采用中硬质木料，比如楠木、柚木等，外部涂刷聚酯漆进行保护

（d）木材扶手

混凝土扶手的各部件均为铸造成型，内部预埋钢筋骨架，组合对接采用混合砂浆黏结

（e）竹子扶手
台阶扶手造型

（f）混凝土扶手

竹子扶手加工制作便捷，成本低廉，需要涂刷桐油防腐

住宅庭院台阶的扶手高度在 750 ~ 1200 mm 的幅度内变化，有较强的分隔与拦阻作用。用于远眺观光的台阶扶手，高度应该超过人体的重心。若要起到防护围挡的作用，高度可以达到 1200 mm，一般设置在高台的边缘，可以给使用者提供安全感

2.2.2 台阶施工

台阶施工方法根据台阶的主体材料来展开，下面介绍两种常见的庭院台阶施工方法。

砖石砌筑台阶

砖石材料可选用的品种较多，常见的花岗岩、大理石、陶瓷等都可用于台阶的制作。台阶基础采用砖与水泥砂浆砌筑，形成台阶雏形后，直接铺装饰面砖石材料。

砖石砌筑的台阶造型简洁，通行踏实，但是整体构造自重较大，适用于在建筑底层的庭院内施工，不适用于屋顶露台或阳台

砖石砌筑台阶

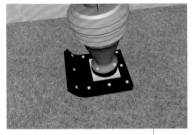

（a）地面整平夯实

清理地面后，采用打夯机对进行整平夯实，经过夯实的地面会有 30～50 mm 的下陷

（b）铺设碎石

在地面下陷空间中铺设碎石，厚度为 30～50 mm，将下陷深度填平

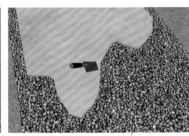

（c）铺设混凝土

在碎石层上铺设混凝土，最终凝固高度高于碎石层约 30 mm

采用1：2水泥砂浆与轻质砖砌筑台阶

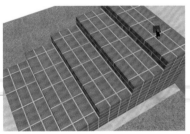

（d）砌筑台阶

砖石砌筑台阶施工

（e）砖石铺贴

采用素水泥浆铺装，用密度较高的瓷砖或花岗岩做饰面

钢结构木质台阶

采用钢结构制作台阶骨架，表面铺装防腐木。钢结构主体可选用角钢、槽钢、钢板等型钢，焊接成型后，采用膨胀螺栓将其固定在庭院地面上。再用角钢连接件与螺钉安装台阶表面的防腐木板。台阶基础需要预先铺设混凝土，这种构造的台阶自重较轻，适用于屋顶花园，能直接固定在屋顶的建筑楼板上。

钢结构木质台阶

钢结构木质台阶形态轻盈，宽度不应超过2000 mm，构造多为6级以内。如果整体构造过宽过高，通行时会引起一定程度的弹性颤动

（a）地面清理整平

（b）焊接钢结构

（c）涂刷防锈漆与饰面漆

清理地面后，保持地面干燥，可根据实际情况涂刷防水剂

采用∠40 mm角钢或□40 mm方形钢管焊接台阶的基础构架

先涂刷醇酸防锈漆（深红色）两遍，待干燥后，再涂刷醇酸饰面漆（深灰色）三遍

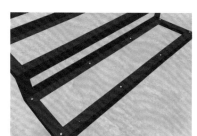

（d）膨胀螺栓固定
钢结构木质台阶施工

（e）铺装防腐木

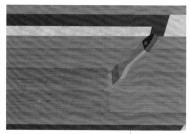

（f）涂刷木蜡油

采用膨胀螺栓将其固定在硬质地面的构造层上

采用自攻燕尾螺钉将厚50 mm的防腐木板固定在钢结构骨架上

在防腐木表面涂刷木蜡油两遍

2.2.3 坡道造型设计

坡道是连接不同高度空间的平缓过渡构造，也是小庭院交通系统和绿化系统中的重要设计元素，直接影响使用功能和感观效果。在庭院设计中，可以利用适当的坡道来区分庭院空间，起伏有致的坡道能和直挺的住宅建筑形成对比，营造出丰富的风格。

环路坡道

> 环路坡道以庭院草坪、花坛为中心，坡度较缓，可根据庭院的地形地貌来确定

通行坡道

> 通行坡道主要用于连通庭院与建筑，坡道位于建筑构造中，是建筑的组成部分。若坡度较大，则需要配置扶手

1. 坡道角度

庭院坡道应做比较缓和的设计，坡度与人的行为关系紧密。如果为残疾人使用，为了保障能自如通行，供轮椅使用的坡道应设置高度分别为 650 mm 和 850 mm 的两道扶手，因此，这样的坡道会比普通建筑的坡道更缓和，坡度为 8% 以下。

> 坡度在 1% 以下，路面平坦，但排水困难

（a）1% 的坡度

> 坡度为 2% ~ 3%，比较平坦，活动方便

（b）3% 的坡度

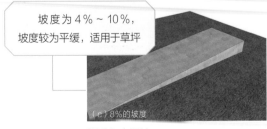

> 坡度为 4% ~ 10%，坡度较为平缓，适用于草坪

（c）8% 的坡度

坡道角度设计

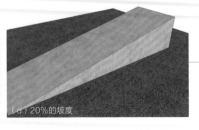

> 坡度为 10% ~ 25%，能展现优美的坡面，适用于花卉植被的栽种区域

（d）20% 的坡度

坡度的表示方法

坡度用百分数、度数或比例来表示，常见的方法是既表示出比率，又表示出坡度的方向，并用箭头指向斜坡的下方。坡度百分数一般可以用公式计算：$G = D / L \times 100\%$，其中 G 表示坡度（%），D 表示垂直高差（m），L 表示水平距离（m）。坡度为 0° 时表示水平面，坡度为 90° 时表示垂直面。

❷ 坡道宽度

庭院道路、人行坡道的宽度一般为 900 mm，但考虑到轮椅的通行，可设定宽度为 1200 mm 以上，有轮椅交错通行的坡道宽度应达到 1500 mm。

人行通过的坡道宽度为 900 ~ 1200 mm

轮椅通过的坡道宽度为 1200 ~ 1500 mm

（a）人行坡道宽度　　（b）轮椅坡道宽度

坡道宽度设计

❸ 排水坡

排水坡较缓和，如果坡度较大，会导致水流过急，对坡面材料造成严重的冲刷。

沥青透水性路面，要考虑暴雨带来的影响，排水坡坡度设置为 1% 左右

普通花砖路面、料石路面，要考虑施工质量的因素，排水坡坡度设置为 1% ~ 2%

渣土路面、黏土路面等柔性路面，排水坡坡度设置为 2% ~ 3%

草皮路面，排水坡坡度设置在 3% 左右

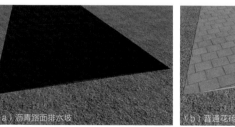

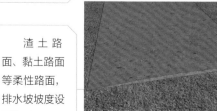

（a）沥青路面排水坡　　（b）普通花砖路面、料石路面排水坡

（c）渣土路面、黏土路面排水坡　　（d）草皮路面排水坡

排水坡设计

2.2.4 坡道施工

坡道施工方法与地面铺装方法基本一致，根据需要用不同材料来铺装坡道，但是对坡道地面基层的处理更加严格，要避免滑坡、坍塌。下面介绍常见的庭院坡道施工方法。

> 砌筑坡道要预先计算坡度与长度，便于轮椅和小型移动设备通行。为了防止坡道地基发生沉降，应当夯实地基，并砌筑栏板墙

砌筑坡道

（a）地面整平夯实

> 将原有地面的石块、植被清除后，采用打夯机夯实。经过夯实的地面会有 30 ~ 50 mm 的下陷

（b）铺设碎石

> 在地面下陷空间中铺设碎石，厚度为 30 ~ 50 mm，填平下陷深度

（c）铺设混凝土

> 在碎石层上铺设混凝土，最终凝固高度高出碎石层 30 mm 左右

> 在混凝土层上采用 1 : 2 水泥砂浆与轻质砖砌筑坡道护墙

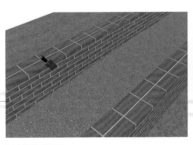

（d）砌筑栏板墙

砌筑坡道施工

（e）砖石铺贴

> 选用厚度为 30 mm 的花岗岩，用素水泥浆将其铺装在地面与坡道护墙表面

车辆维护地面

面积稍大的庭院中可以停放车辆，由于车辆自重较大，故对地面的铺装材料与基础构造都有更高的强度要求。除了车辆停放，还有车辆维护、清洗的功能需求。

2.3.1 洗车地面

在庭院中自助洗车是常见的生活需求，洗车水流到地面上会渗透到地面铺装材料下部，使基础土方变得湿润，造成地面塌陷。有地下层的庭院仅需在洗车区域的地面上铺设防水材料；无地下层的庭院除了铺防水材料，还要加强基层硬化，并设计出排水坡与排水管道，让洗车废水快速集中到排水管道中，避免渗透到庭院基层的土方中。

（a）实景
混凝土坡道停车地面

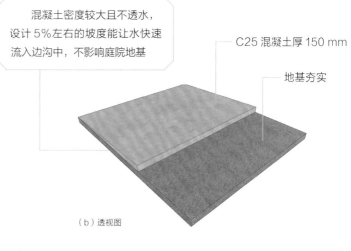

混凝土密度较大且不透水，设计 5% 左右的坡度能让水快速流入边沟中，不影响庭院地基

C25 混凝土厚 150 mm

地基夯实

（b）透视图

（a）实景
碎石透水地面

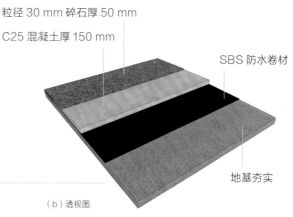

粒径 30 mm 碎石厚 50 mm

C25 混凝土厚 150 mm

SBS 防水卷材

地基夯实

常规庭院地面需要对土方进行两次夯实，并铺设防水卷材，地面设计 5% 左右的坡度，坡度方向集中至边角排水沟处，最后在停车区表面铺设碎石

（b）透视图

洗车格栅地面基础需要开挖深度为 250 mm 的基坑，并用砖砌筑地枕造型，基坑底部设计 5% 左右的坡度，能让水快速流入排水管。基坑底部需涂刷防水涂料或铺设防水卷材

洗车格栅地面

格栅材料

玻璃钢格栅是一种以不饱和聚酯树脂为基体，搭配无碱玻璃纤维制成的玻璃钢制品。它具有轻质高强、耐腐阻燃、无磁绝缘、颜色鲜艳、样式多的特点

2.3.2　检修地坑

检修地坑是供车辆维修保养使用的建筑构造，在庭院中开挖出基坑，能容纳人进入，对车辆进行检修。

检修地坑的尺寸根据车辆形体确定，大多数停放在庭院中的私家车长度在 5200 mm 以内，宽度在 2000 mm 以内。因此基坑的尺寸可设计为长 4000 mm、宽 800 mm、深 1200 mm。如果庭院地基下有公用管网或其他设施，深度可设计为 800 mm。坑底与坑壁需涂刷防水涂料，铺装砖石材料装饰，并在坑底布置排水沟，连通排水管道。检修地坑表面设计凹槽，平时不检修时，铺装不锈钢金属格栅，防止行人或车辆坠落。

测量施工区域尺寸，在区域边角钉入钢筋，在钢筋上绑绕尼龙线，标识施工区域

（a）放线定位

（b）基坑开挖

开挖基坑，可先采用挖掘机施工，再用铁锹整平坑底与坑壁

（c）砌筑坑壁

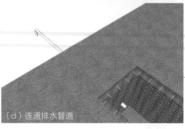

（d）连通排水管道

在坑内开凿排水洞口，安装 ϕ50 mm 排水管至附近的排水沟或雨水井内

采用 1：2 水泥砂浆与轻质砖砌筑坡道护墙

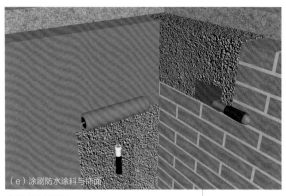
（e）涂刷防水涂料与饰面

检修地坑施工

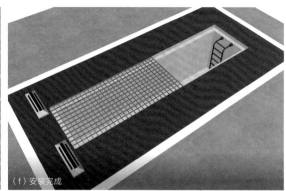
（f）安装完成

在砌筑构造表面采用1：2水泥砂浆抹灰找平，并涂刷防水涂料。地面与基坑表面再次采用1：2水泥砂浆抹灰找平

在基坑表面铺装不锈钢格栅板，并安装金属梯子。采用环氧树脂地坪漆涂刷地面区域并做出区域线，安装止车枕

2.3.3　升降设备安装地面

车辆升降设备采用电力驱动，抬升车辆到一定的高度后能对车辆进行检修。升降设备自重较大，所抬升车辆的质量也会转移至设备上，需要有良好的地基。升降设备不能安装在有地下层的庭院地面。地基需要经过多次夯实以提升稳固性，铺设多层碎石与混凝土，并配置钢筋网架强化。

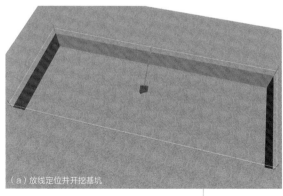
（a）放线定位并开挖基坑

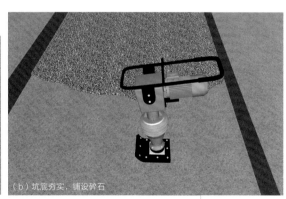
（b）坑底夯实，铺设碎石

开挖基坑，深度约400 mm，基坑长、宽尺寸均比实际车位大出300 mm

坑底夯实，铺设粒径30 mm的碎石，厚100 mm

（c）再次夯实并编制钢筋网架

（d）混凝土浇筑

在碎石层上继续夯实，并编制钢筋网架，采用 ϕ12 mm 钢筋，骨架间距为 200 mm 左右，用 ϕ2 mm 钢丝绑扎固定

在钢筋网架层中浇筑 C30 混凝土，厚 300 mm

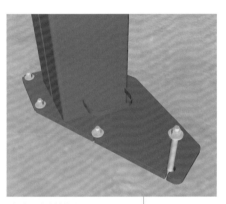

（e）固定立柱基础

升降设备安装地面施工

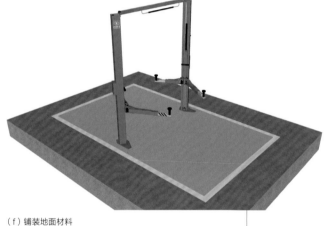

（f）铺装地面材料

摆放好升降设备立柱，采用膨胀螺栓将其固定在混凝土地面上

地面根据需要铺设 1：2 水泥砂浆找平，或铺贴硬质砖石，采用环氧地坪漆涂装区域与分隔线

2.4 路缘石

路缘石是能确保行人安全、实现交通引导、保持水土、保护植物，同时还能区分路面铺装的构造。路缘石或设置在行车道与人行道的分界处，或设置在路面与绿地的分界处，或设置在不同材料铺装路面的分界处。

2.4.1 路缘石设计

路缘石的种类很多，有预制混凝土路缘石、砖路缘石、石头路缘石，还有对路缘进行模糊处理的合成树脂路缘石。路缘石高度以 100 ~ 150 mm 为宜，区分路面的路缘，要求铺设高度整齐统一，局部可以采用与路面材料搭配的花砖或石料。绿地与混凝土路面、花砖路面、石头路面交界处可不设路缘石，但是绿地与沥青路面交界处应设路缘石。路缘石构造简单，多采用预制混凝土材料，边缘带有一定的倒角或圆角，置入地面的土石方中，地下与地上部分高度比多为 2 : 1。

路缘石排水沟造型

路缘石倒角造型

路缘石圆角造型

带排水沟造型的路缘石与排水井相连，是庭院地面雨水快速排尽的重要构造

倒角路缘石是庭院道路的首选，适用于道路与植被地面之间的界面铺装

圆角路缘石是庭院停车区界定的首选，能保障车辆平缓驶入停车区，对轮胎没有损伤

在庭院内外，一般靠近行车道边缘的部位要设置具有缓冲性能的路缘石。路缘石凸起高度为 20 mm，旁边铺设碎石或卵石，形成道路隔离带。这种设计模式能警示驾驶员保持行驶方向。

行车道多会设计退让区，即行车道向两侧空间拓展，预留出靠边停车、回车的缓冲区域。此处的路缘石铺装与行车道地面高度基本一致或略高，在路缘石内侧铺设碎石，形成行车隔离带，给驾驶员明确路感提示

行车道碎石与路缘石组合

在庭院休闲区与植被区之间铺设碎石带，以含蓄的形式来标示人的活动空间，同时也能承接玻璃雨篷的滴水，避免对地面造成水滴石穿的后果

休闲区碎石

路缘石靠护坡一侧种植绿化带，绿化带下部设计排水沟，能汇集坡面的雨水并快速排流，不影响道路通行

路缘石与绿化组合

路缘石与边沟组合

将瓦片垂直置入土石方地面中，弧形图案密集组合，起到路缘石的作用，表面高度与路面、绿化植被区平齐

在道路旁设计灌木带，外围排水沟铺设较大卵石，这种间接设计的路缘石能让绿化植被区显得更有层次

瓦片替代路缘石

木桩替代路缘石

将杉木或杂木裁切成段，置入地面土方层中，形成高低不齐的自然造型，也能起到路缘石的作用

2.4.2　路缘石施工

路缘石构造简单，庭院中的路缘石多采用具有设计特色的石料与造型，不能与市政工程相同，下面介绍一种常见的小方形路缘石的施工方法。

清除地面杂质，刨除表面土层并开挖沟槽，夯实后铺设碎石与混凝土，砌筑成品路缘石

小方形路缘石

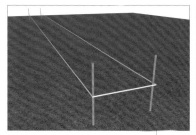

（a）地面放线定位

测量施工区域尺寸，在区域边角钉入钢筋，在钢筋上绑绕尼龙线，标识施工区域

（b）挖坑沟

开挖地面坑沟，深度为 150 mm 左右，用铁锹整平坑底与坑壁

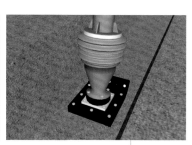

（c）夯实坑底

采用打夯机对坑沟底部进行夯实

坑沟底部铺设粒径为 30 mm 的碎石，形成厚 50 mm 的碎石层

采用彩色页岩砖或彩色混凝土砖砌筑小方石周边。回填种植土至小方石的顶部高度

（d）铺设碎石层

路缘石施工

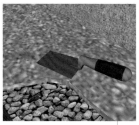

（e）铺设混凝土层

（f）砌筑小方石

（g）砌筑周边并回填

浇筑 C20 混凝土，厚度为 50 mm，振捣，晾干养护

采用 1 : 1 水泥砂浆砌筑小方石，小方石高于地面 50 ~ 80 mm

2.5 排水沟

排水沟是一种设置在庭院地面用于排放雨水的排水设施。它的形式多种多样，可快速排出雨水并能维持庭院地面的整洁。

2.5.1 排水沟设计

排水沟的使用位置很多，有的铺设在道路中央，有的铺设在行车道和步行道之间，有的铺设在停车位旁边，有的铺设在用地分界点、入口等场所。排水沟表面多会添加装饰材料，用于美化排水沟的表面造型。

平面型排水沟的宽度要根据排水量和排水坡度来确定，一般庭院内的排水沟宽 200 mm，深 200 mm。盖板上的集水口可宽可窄，缝型窄盖板的缝隙不小于 20 mm。庭院排水沟多采用树脂混凝土成品材料，表面装饰可以用砖石材料，也可以铺设卵石，要注重色彩的搭配。

（a）排水沟基础

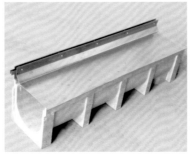

（b）窄缝盖板

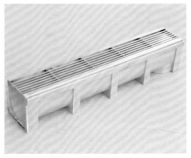

（c）宽缝盖板

树脂混凝土成品排水沟

树脂混凝土成品排水沟采用树脂材料与混凝土混合制成。由于树脂的抗腐蚀性能强，因此树脂成品排水沟具有耐久性、耐压性、抗化学腐蚀性以及排水能力卓越等特点。排水沟外表光滑，表面有均匀细腻的小毛刺，可有效地防止污垢沉积，可以在多种地面上安装

将地面土方层开挖后置入排水沟，排水沟之间采用黏合剂黏结

成品排水沟安装

雨水汇集盖板

表面盖板为不锈钢框架，可铺装不同造型的砖石材料

雨水汇集处的地面较低，其他区域水流能汇集于此。增设多孔盖板，能快速导流雨水至排水沟

在排水沟盖板上铺设卵石，能遮挡盖板的金属感，还庭院自然和谐的格调。卵石之间的缝隙能排水，同时也能聚集尘土，可将周边植被拓展到排水沟边缘以减少泥土

盖板上铺设卵石

2.5.2　排水沟施工

排水沟的构造简单，施工时主要设计好坡道，让水流能汇集到最低处，直至排放到市政管井中。下面介绍两种常见的排水沟的施工方法。

挖沟后整平沟底并夯实，铺设碎石与水泥砂浆，用砖砌筑排水沟，在表面预留盖板槽，选用花岗岩盖板铺装表面

砌筑排水沟

1. 砌筑排水沟

砌筑排水沟采用砖与水泥砂浆砌筑的排水沟造型，沟底需要根据地势设计坡度，表面铺装成品花岗岩盖板。

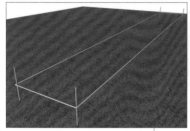

（a）地面放线定位

> 测量施工区域尺寸，在区域边角钉入钢筋，在钢筋上绑绕尼龙线，标识施工区域

（b）挖坑沟

> 开挖地面坑沟，深度与宽度均为 400 mm 左右，用铁锹整平坑底与坑壁

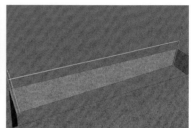

（c）放线找坡

> 测量开挖后的施工区域尺寸，在区域边角钉入钢筋，在钢筋上绑绕尼龙线，测量校准坡度，坡度不应小于 3%

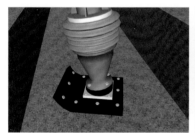

（d）夯实坑底

> 采用打夯机对坑沟底部进行夯实

（e）铺设碎石层

> 坑沟底部铺设粒径为 30 mm 的碎石，形成厚 50 mm 的碎石层

（f）铺设水泥砂浆

> 在碎石层上铺设 1：2 水泥砂浆，厚 20 mm

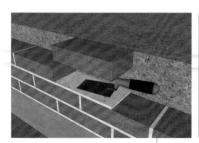

（g）砌筑沟槽
砌筑排水沟施工

（h）放置盖板

> 采用 1：2 水泥砂浆对砌筑的沟槽进行抹灰找平，涂刷 JS 防水涂料，上方放置厚 30 mm 的花岗岩盖板

> 采用 1：2 水泥砂浆与轻质砖砌筑沟槽

卵石装饰成品排水沟

成品排水沟施工构造简单，表面覆盖材料可选范围广泛，表面装饰效果较好，是目前庭院排水沟的首选。

挖沟后整平沟底并夯实，与周边路缘石一起施工，铺设碎石与混凝土，用水泥砂浆砌筑路缘石与成品排水沟，在表面放置金属网格盖板，选用灰色卵石铺装表面

卵石装饰成品排水沟

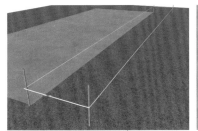

（a）地面放线定位

测量施工区域尺寸，在区域边角钉入钢筋，在钢筋上绑绕尼龙线，标识施工区域

（b）挖沟

开挖地面坑沟，深度与宽度均为 400 mm 左右，用铁锹整平坑底与坑壁

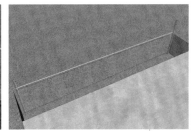

（c）放线找坡

测量开挖后的施工区域尺寸，在区域边角钉入钢筋，在钢筋上绑绕尼龙线，测量校准坡度，坡度不应小于3%

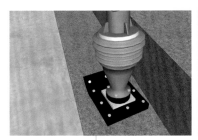

（d）夯实坑底

采用打夯机夯实坑沟底部

（e）铺设碎石层

坑沟底部铺设粒径为 30 mm 的碎石，形成厚 50 mm 的碎石层

（f）铺设水泥砂浆

在碎石层上铺设1：2水泥砂浆，厚20 mm

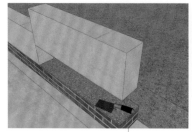

（g）砌筑路缘石

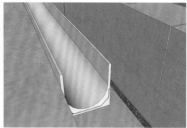

（h）铺装成品排水沟

（i）回填周边土方并夯实

采用1：2水泥砂浆与轻质砖砌筑沟槽底部基础，再砌筑成品路缘石

在沟槽中铺装成品排水沟，排水沟对接处采用混合防水砂浆黏结

在路缘石外围回填土方，并采用打夯机夯实

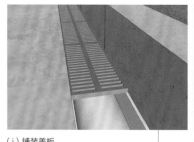

（j）铺装盖板

卵石装饰成品排水沟施工

（k）铺设卵石

在盖板上铺设各色卵石形成装饰

在成品排水沟上铺装成品盖板

3

庭院基础工程
——墙面

庭院墙面围合
▲ 庭院空间的形成来自墙面构造的围合，在一个庭院中设计多种墙面材料，能拓展空间的视觉面积，让庭院显得更大，构造内容更丰富

 本章导读

　　墙面指的是建造在地面之上，对人的视线产生阻挡的人工建造物，也可以称为立面。它主要包括挡土墙、围墙、栅栏、竹篱、大门等立面元素。它们能有效围合空间，若处理得当，能让庭院的主人产生强烈的归属感和安全感，同时也是庭院装饰设计的重点。

3.1 　挡土墙

挡土墙是指支承路基填土或山坡土体以防止填土或土体变形失稳的构造物。在挡土墙横断面中，与被支承土体直接接触的部位称为墙背，与墙背相对的、临空的部位称为墙面，与地基直接接触的部位称为基底，与基底相对的、墙的顶面称为墙顶，基底的前端称为墙趾，基底的后端称为墙踵。

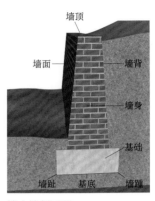

挡土墙剖面图

3.1.1 　挡土墙的形式

真正意义上的挡土墙一般出现在临山的别墅庭院中，如果有设计要求，在小型庭院中也可以将挡土墙做成装饰构造，不需要真实的山体作为依托。

挡土墙根据设置位置的不同，分为路肩墙、路堤墙、路堑墙和山坡墙等。墙顶位于路肩的挡土墙称为路肩墙；设置在路堤边坡的挡土墙称为路堤墙；设置于路堑边坡的挡土墙称为路堑墙；设置在山坡上，支承山坡上可能坍塌的覆盖层土体或破碎岩层的挡土墙称为山坡墙。

道路围栏　　　　　　　　　路堤墙　　　　　　　　　　　　道路

路肩墙

路肩墙

路堤墙

墙体位于土坡下部边侧，土坡上部有通行道路，在路肩墙上部有护栏

挡土墙下部有通行道路，挡土墙将土坡侧部封固遮挡，避免土石滑坡破坏道路

墙下道路　　　路堑墙　　　墙上道路　　　　　　　　　山坡墙　　　山坡土方碎石

路堑墙

山坡墙

将土石坡截断，并在截断
面砌筑挡土墙，墙体上部与下
部均为可通行的道路

将庭院外山坡上的土石挡住，墙
体高度根据山坡坡度来设定，山坡角
度较缓时墙体较矮，反之则较高

　　挡土墙根据形态与材料的不同，在设计上分为直墙式挡土墙与坡面式挡土墙。其中直墙式挡土墙分为现浇混凝土挡土墙、预制混凝土砌块挡土墙、砖砌挡土墙。坡面式挡土墙分为现浇混凝土挡土墙、预制混凝土砌块挡土墙、锥形石砌挡土墙、下脚碎石挡土墙、卵石砌挡土墙、天然石砌挡土墙、嵌草皮混凝土砌块挡土墙。

采用厚度为 250 mm 的 C25 混凝土浇筑成砌块，内部编有 ϕ 6 mm
钢筋网架，砌筑时在砌块缝隙处添加 ϕ 10 mm 钢筋

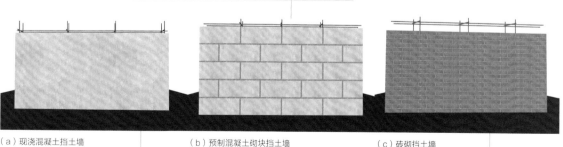

（a）现浇混凝土挡土墙　　　　　（b）预制混凝土砌块挡土墙　　　　　（c）砖砌挡土墙

直墙式挡土墙

现浇混凝土挡土墙强度较高，但是成本也高，混凝土强度
等级选用 C30，厚度为 250 mm，内部预埋 ϕ 12 mm 钢筋

轻质砖搭配 1：2.5 水泥砂浆砌筑，
厚度为 250mm，砖块砌筑缝隙处间距为
800 mm，缝隙中添加 ϕ 10 mm 钢筋

整体工艺同直墙式挡土墙，墙体厚度
为 300 mm 以上，各向倾斜角度约为 75°

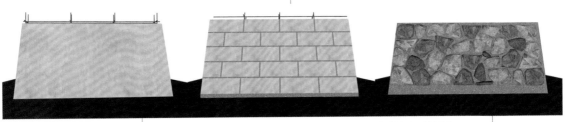

（a）现浇混凝土挡土墙　　　　　　　　（b）预制混凝土砌块挡土墙　　　　　　　　（c）锥形石砌挡土墙

整体工艺同直墙式挡土墙，墙体厚度
为 250 mm 以上，各向倾斜角度约为 75°

选择粒径 300 ~ 600 mm 的山石，经过凿切整
形后，采用 1：2.5 水泥砂浆砌筑，缝隙填补小碎石，
墙体厚度为 300 mm 以上，各向倾斜角度约为 75°

采用形态不一的下脚碎石，经过凿切整形，采用
1：2.5 水泥砂浆砌筑，缝隙填补小碎石，墙体厚度为
400 mm 以上，各向倾斜角度约为 75°

选择粒径 200 ~ 500 mm 的山
石，采用 1：2.5 水泥砂浆砌筑，缝
隙填补小碎石，墙体厚度为 400 mm
以上，各向倾斜角度约为 75°

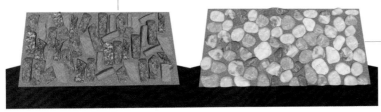

（d）下脚碎石挡土墙　　　　　　（e）卵石砌挡土墙

采用形态不一的天然石，经过凿
切整形，采用 1：2.5 水泥砂浆砌筑，
缝隙填补小碎石，墙体厚度为 500 mm
以上，各向倾斜角度约为 75°

采用厚度为 250 mm 的 C25 混凝土浇筑成砌块，
内部编有 ϕ 6 mm 钢筋网架，砌筑时在砌块缝隙处添加
ϕ 10 mm 钢筋，各向倾斜角度约为 75°，表面采用 1：2.5
水泥砂浆修饰成拱券造型，覆盖种植土并种植草坪

（f）天然石砌挡土墙

坡面式挡土墙

（g）嵌草皮混凝土砌块挡土墙

挡土墙除必须满足工程特性要求外，还应该突出其外在形式上美化空间的功能需求，通过必要的设计手法，打破挡土墙界面僵化、生硬的"表情"，巧妙地安排界面形态，利用环境中各种有利条件，挖掘其内在之美，设计建造出满足功能需求、协调环境、有意味的墙体形式。

高挡土墙   围合庭院   矮挡土墙   土石方地台

挡土墙围合的庭院

阶梯式挡土墙

由地面向下开挖，呈现地坑状构造，坑壁四周制作挡土墙，形成围合天井式庭院，具有遮阳效果

在庭院外围建造较矮的挡土墙，为了强化挡土效果，在挡土墙的庭院内侧建造地台，地台上表面铺设草坪，地台能有效支撑挡土墙

挡土墙的墙体要设置排水孔，内部预埋 ϕ 75mmPVC 管。墙体内铺设成片的合成树脂集水垫和渗水管，以防墙体内积水。

C25 混凝土

ϕ 10 mm 钢筋网架

山石砌筑

碎石填充

合成树脂集水垫

ϕ 75mmPVC 管

土坡夯实

挡土墙排水孔构造

3.1.2　挡土墙施工

挡土墙面积较大，在施工过程中要因地制宜，尽量选择经济实用的材料来建造，降低施工成本。下面介绍两种造价低且具有装饰效果的挡土墙施工方法。

1. 铁箱石材挡土墙

建造钢结构网架箱体，在箱体中填充石料，所形成的挡土墙质量较大，能起到挡土的作用。整体构造简单，与被挡的土石方构造无关联，适用于土坡较低矮的挡土墙。

铁箱构造高度不超过2000mm，厚度400~800mm，其中填入的石料密集排列，大石料中间填塞小石料，尽量饱满不落空，形成厚重的构造形体

铁箱石材挡土墙

（a）地面、坡面整平夯实

将预备制作挡土墙的地面与坡面均用打夯机整平夯实

（b）制作地梁

地面铺设厚50mm的碎石层，采用φ10mm钢筋编制网架，周围围合模板并浇筑C25混凝土，地梁的高度与宽度均为250mm

（c）坡面挂网喷浆

坡面采用φ8mm钢筋编制网架，间距200mm全面覆盖，喷涂C25混凝土

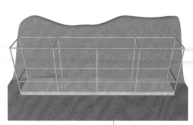

（d）制作铁箱构造

采用∠50mm角钢焊接挡土墙框架

（e）覆盖网架

框架表面焊接φ8mm钢筋，形成间距为80mm左石的网孔

（f）涂刷防锈漆与饰面漆

先涂刷两遍深红色醇酸防锈漆，再涂刷两遍灰色醇酸饰面漆

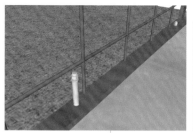

（g）铁箱网架基础固定

铁箱石材挡土墙施工

将焊接完毕的铁箱网架采用膨胀螺栓固定在地梁上

（h）装填石料

在铁箱网架中装填卵石和形态完整的碎石

（i）填塞建筑垃圾

在土坡与铁箱之间填塞水泥疙瘩、砖渣、渣土等建筑垃圾，注意不能填塞生活垃圾

 2. 叠石挡土墙

叠石挡土墙所用的材料大多就地取材，将当地岩石凿切成厚度较薄但形体较长的片状，类似砖块，采用水泥砂浆砌筑成型。叠石缝隙中的水泥砂浆不必填满，形成自然叠加的装饰效果。

叠石挡土墙高度不超过 1800 mm，厚度为 400 ~ 600 mm，所选石料要经过凿切，让石料造型相当，挡土墙顶部采用钢筋混凝土浇筑成型压顶

叠石挡土墙

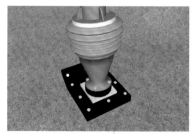

（a）地面、坡面整平夯实

将挡土墙砌筑基础地面和邻近坡面用打夯机整平夯实

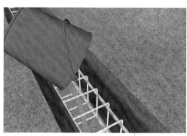

（b）制作地梁

地面铺设厚 50 mm 碎石层，采用 ϕ 10 mm 钢筋编制网架，周围围合模板并浇筑 C25 混凝土，地梁的高度与宽度均为 400 mm

（c）坡面挂网喷浆

坡面采用 ϕ 8 mm 钢筋编制网架，间距为 200 mm 全面覆盖，喷涂 C25 混凝土

（d）凿切岩石

将形体各异的岩石凿切加工，外观尽量平整

（e）砌筑岩石

采用 1：2.5 水泥砂浆砌筑岩石，其厚度与基础地梁相当，均为 400 mm

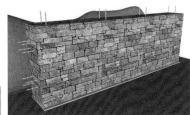
（f）置入拉结钢筋

在砌筑的同时，在砌块缝隙处添加 ϕ 100 mm 钢筋

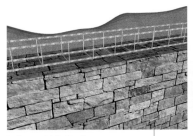
（g）顶面编制钢筋网架

采用 ϕ 10 mm 钢筋编制钢筋网架，间距为 200 mm，采用 ϕ 2 mm 钢丝绑扎固定至挡土墙顶部的拉结钢筋上

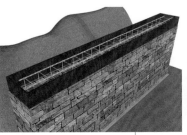
（h）搭建模板

采用厚 12 mm 的胶合板制作围合模板，模板内壁涂刷脱模剂

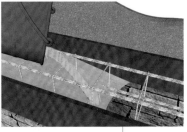
（i）浇筑混凝土

在围合模板中浇筑 C25 混凝土，用振捣棒将气泡振出

（j）修饰伸缩缝

叠石挡土墙施工

用铲刀仔细修饰砌筑岩石的缝隙，将外溢的水泥砂浆修饰整形

（k）填塞建筑垃圾

在土坡与挡土墙之间填塞水泥疙瘩、砖渣、渣土等建筑垃圾，注意不能填塞生活垃圾

3.2 围墙与景墙

围墙与景墙是庭院必备的构造，这类屏障有助于界定围合空间、遮挡场地外的负面特征，并为居住者提供安全感和私密感。当植物屏障不能有效地实现遮挡功能或美化效果时，就需要采用这类结构。

在庭院设计中，决定是否需要设置围墙和景墙时，要认真考虑其在景观中的作用，要求围墙和景墙都能融入庭院的规划风格。庭院墙体通常高 1800～2400 mm，但也有高达 3300 mm 的。

组合围墙

围墙的主要功能是围合遮挡，功能大于形式。庭院中的围墙材料组成要求丰富且富有层次变化，一部分采用砖砌外饰水泥板，一部分为防腐木板

绿化景墙

景墙是围墙的形式拓展，在围合功能的基础上，注入了景观装饰功能，比如在墙面植入绿化，形成色彩、质地均佳的绿化景墙

3.2.1　围墙的形式

　　围墙有很多种形式，在住宅庭院构造中，常见的有混凝土墙、砖墙、预制混凝土砌块墙、石面墙等。

 混凝土墙

　　表面可以做多种处理，比如一次抹面、灰浆抹子抹光、打毛刺、压痕处理、上漆处理、调整接缝间隔、改变接缝形式，从而使混凝土墙展现出不同的风格。此外，混凝土墙也可以用作其他围墙的基础墙。

混凝土围墙

混凝土景墙

> 混凝土墙体虽然造价较高，但是结构坚固厚重。其表面纹理具有浓厚的工业风，营造出粗犷朴实的视觉效果

> 混凝土构造中穿插有钢筋，可以设计出镂空造型。在庭院内透过镂空设计能看到外部场景，具有借景的意境

 砖墙

　　砖块是常用的砌体材料，砖墙需要连接基座才能稳固，砖墙基座多为现浇钢筋混凝土结构，墙体在此基座上向上建造，基座四周至少比墙体底部平面尺寸分别宽出 150 mm。基座是墙体承载的核心，高度不应小于 250 mm，宽度与长度均不应小于 400 mm，基座中需铺设两条连续的钢筋。

砖砌饰面墙

砖砌素面墙

用砖块砌筑墙体后，表面铺装瓷砖或涂刷涂料，都能很好地保护砖砌墙体，可以区分墙体形态，并增强装饰效果

砖砌素面墙多采用黏土砖、混凝土砖、页岩砖，这些砖体密度大、承载力较强，墙体厚度达 240 mm 以上。虽然可不做饰面处理，但是要对砌筑缝隙进行精修勾缝，形成一定的装饰效果

整个墙体以混凝土构造为主，在中央预留洞口，镶嵌砌筑花砖，形成借景采光的效果。其中花砖也为混凝土压制成型

花砖墙

③ 预制混凝土砌块墙

这类围墙使用的材料除混凝土外，还有各种经过处理加工的混凝土砌块。预制混凝土砌块墙虽造价低，但需要扶壁。水泥砌块墙及砖墙的装饰形体是通过选择砖的样式、质地、细部的清晰度以及改变所产生的阴影来实现的。

小块预制混凝土砌块墙

大块预制混凝土砌块墙

小块预制混凝土砌块在模具中铸造成型后，再逐一砌筑，施工方法与砖砌墙大致相同

大块预制混凝土砌块在墙体上直接铸造，逐块铸造，逐块成型，拆除模板后即形成墙体

④ 石面墙

石面墙是以混凝土墙为基础，表面铺以石料的围墙。表面多装饰花岗岩，也有以铁平石、青石做不规则砌筑的。此外，还有以石料窄面砌筑的竖砌围墙，以不同色彩、不同表面处理的石料构筑出形式、风格各异的围墙。石墙的装饰效果是由石材样式和石雕工艺水平来决定的，基本选材是毛石和琢石。毛石虽然可以就地取材，通常也比琢石便宜，但是形状不规则且难以切割。琢石表面通常是平的，可选择形态完整的石料，根据需求进一步裁切。

毛石干垒墙

琢石砌块墙

毛石容易垒放，石墙的墙头需要压顶形成稳固的造型。根据使用强度和高度，毛石墙可以干垒或用灰砌。干垒石墙是石面墙的一种灵活做法，可以尝试不同的摆法，且不需延伸到冻土线下的地基或基座

琢石砌块墙要有连续的基座才会结实。如果要建筑很高的石墙，可以并列垒两道墙，内填碎石或用大石块跨越将两道墙连在一起

3.2.2　围墙施工

围墙构造相对简单，但是施工面积大、高度高，要求坚固结实。下面介绍一种造价低且具有装饰效果的围墙施工方法砖砌围墙。

砖砌围墙

庭院内围墙底部砌筑有树池，可以养花种草。围墙顶部增设木质围栏，作为围墙高度的延续，能降低围墙实体的高度，节省费用

地面铺设厚 50 mm的碎石层，采用 ϕ 10 mm钢筋编制网架，地梁的高度与宽度均为 250 mm。外部采用厚 12 mm 胶合板制作围合模板，模板内壁涂刷脱模剂

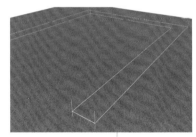

（a）放线定位

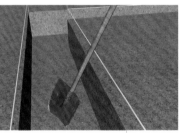

（b）开挖基坑

（c）制作围墙基础

测量施工区域的尺寸，在区域边角钉入钢筋，在钢筋上绑绕尼龙线，标识施工区域

开挖基坑，可先采用挖掘机施工，再用铁锹整平坑底与坑壁

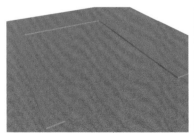

（d）制作地圈梁

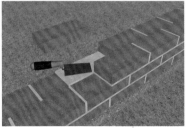

（e）砌筑墙体

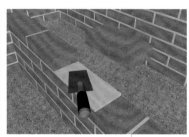

（f）砌筑树池

在模板内浇筑 C25 混凝土，浇筑高度高于地面 50 mm

采用 1：2 水泥砂浆与轻质砖砌筑墙体，墙体厚度为 240 mm

采用 1：2 水泥砂浆与轻质砖砌筑树池，构造厚度为 120 mm

（g）墙面抹灰

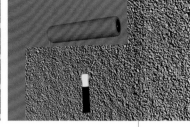

（h）涂刷防水涂料

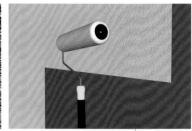

（i）涂刷外墙涂料

采用1：2水泥砂浆在墙体表面抹灰，抹灰厚度为5～10mm

采用JS防水涂料滚涂墙面2～3遍

采用外墙乳胶漆滚涂墙面2～3遍

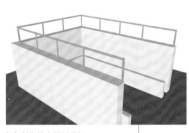

（j）制作墙上围板骨架

砖砌围墙施工

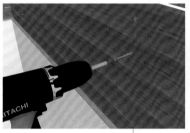

（k）安装防腐木围板

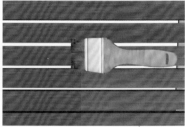

（l）涂刷木蜡油

采用∠50mm角钢焊接墙上围板框架，先涂刷两遍深红色醇酸防锈漆，再涂刷两遍灰色醇酸饰面漆，采用膨胀螺栓将其固定在墙体顶部

采用电钻与自攻螺钉，将厚10mm、宽90mm的樟子松防腐木板固定在围板骨架上

在防腐木板上涂刷木蜡油2～3遍

3.2.3　景墙造型施工

　　景墙在围墙的基础上拓展出装饰造型，搭配丰富的材料，具有向庭院外部借景的审美意境。下面介绍一种通透性很强的景墙的施工方法借景景墙。

采用钢板焊接框架，固定在建筑构造外围，其中镶嵌防腐木板，木板与钢板框架之间采用免钉胶固定

借景景墙

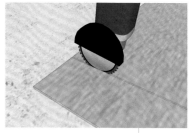

（a）裁切钢板

（b）焊接钢板

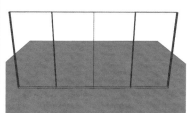

（c）组成框架

使用切割机裁切厚 8 mm 的镀锌钢板，钢板宽度为 150 mm

使用电焊机将钢板焊接

焊接钢板组合成框架，竖向钢板间距为 1200 ～ 1600 mm

（d）采用膨胀螺栓固定框架

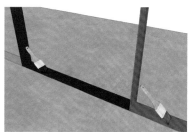

（e）涂刷防锈漆与饰面漆

（f）裁切防腐木板

采用膨胀螺栓将钢板焊接框架固定在地面、墙面、顶面等构造上

先涂刷两遍深红色醇酸防锈漆，再涂刷两遍灰色醇酸饰面漆

使用切割机裁切厚 20 mm 的菠萝格防腐木板，板料长 250 mm、宽 125 mm

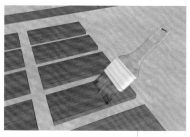

（g）涂刷木蜡油

借景景墙施工

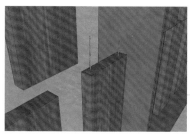

（h）镶嵌固定至钢板框架中

采用双头钉将防腐木板之间固定，防腐木板与钢板之间采用免钉胶固定

在防腐木板上涂刷木蜡油 2 ～ 3 遍

围墙和围栏的主要功能

1. 确保私密性。庭院要求有一定程度的视觉或空间的隔离，要达到的私密程度及其周围的条件，在很大程度上影响着围栏的设计和材料的选择。

2. 安全及保密。围栏能阻隔不安定因素，使人远离潜在的危险，比如机械设备、变压器或游泳池，并使儿童和动物处在安全的环境中。

3. 界定边界。围栏和围墙通常用于界定边界并保证属地的所有权。

4. 交通控制。围栏可组织及引导人、动物或车辆的动线。特别是矮墙能引导行人的行走路线，阻止不安全的抄近道行为。

5. 改善环境。围墙可阻挡或减弱大风、噪声、飘雪、眩光和强烈的阳光，挡风墙和遮阴区还具有降温的作用。

3.3 围栏与院门

墙面主要构造为围栏与院门，这是为了防止人或动物随意外出或进入而起到安全保护作用的构造。通常围栏与院门的高度为 1800 ~ 2600 mm，隔离植物的高度为 400 ~ 1200 mm。

3.3.1 围栏设计与施工

庭院围栏主要采用木材、金属、成品复合板制作。要根据周围环境和长期维护的要求来选择适当的设计形式和材料。设计时应谨防围栏基础与构筑物超越建筑红线。修筑基础构筑物和选择建材做装饰处理时，应考虑围栏等构筑物的强度、防倾倒性能及维护、施工难度等方面的问题。应使用具有耐久性和经过防腐处理的木材，比如樟子松、菠萝格、花旗松炭化木、塑木等。

> 钢网架自重较小，可用于围墙高度延伸，降低围墙整体成本，可以选择不同规格网孔的网架，具有一定的遮光、遮挡视线功能

钢网架增高围栏

木质围栏轻盈单薄，采用防腐性能较好的木料，主要用于空间界定划分，基础构造应采用膨胀螺栓固定在混凝土地基上

木质围栏

樟子松防腐综合性能较好，浸泡过防腐溶剂，表面呈黄绿色，施工完毕后需要定期涂刷木蜡油来维护

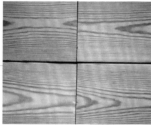

（a）樟子松

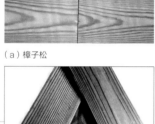

（c）花旗松炭化木
常用围栏木料

花旗松纤维较粗大，经过高温炭化后，呈现出复古风格，进一步突出木质纹理特色

（b）菠萝格

菠萝格质地坚硬、密度较大、色彩纯正、品质好，但价格较高，适用于局部的围栏构造制作

（d）塑木

塑木是将木粉与塑胶混合制成的人造板材，中间空心，具有一定的厚度，表面以直纹为主，安装简单快捷，成本较低

 围栏设计

围栏的高度由围合程度决定，柱顶用于营造视觉美感或使柱子不积水。木栅栏的柱子截面通常为100 mm×100 mm，转角处的柱子需更结实，截面为150 mm×150 mm。金属柱可以是截面边长为25～100 mm的方形钢管或 ϕ 50～ ϕ 150 mm的圆形钢管，将其固定在混凝土基座中。设计时要考虑以下要素：

（1）基础。认真考虑围栏固定在地上的方法，主要结构应当契合庭院的现场条件，在较差的土壤条件下建造较高的石墙会比较危险。

（2）基座。墙体和墙墩的基座上部，在温暖、不结冰地区通常设计在标高 300 mm 以下，寒冷地区是在冻土线以下，应提供与地基厚度相同的安全保障，基座底部应至少在冻土线下 50 mm。

（3）土壤。对于砂性强、黏性强、易膨胀或湿度大的土壤状况，要求有更深和更宽的地基来保证其能够抵挡侧面的风压。

（4）排水。在气候寒冷的地区，上冻和解冻过程会使柱子、基座、地基抬起。地表积水不应汇集到围栏周围，而应从围栏周边排走。

（5）地形。有些围栏与坡面平行或随地形起伏变化，有些是柱子或柱墩之间的镶嵌板呈阶梯式下降。

植入土壤中的木质围栏

　　木质围栏不能直接植入土壤中，否则土壤沉降与潮湿会腐蚀木质材料。木质围栏的安装基础应当是石材、混凝土或砖砌构造，安装完毕后可在地面覆盖一层薄土，但是要对处于基础部位的木质材料涂刷 3 遍防腐涂料

围墙顶部围栏

　　较矮的木质围栏仅用于装饰，安装在围墙顶部表现出封闭式围墙向上延伸的视觉效果

围栏施工

木质围栏是庭院构造的主要选择，施工时要注意基础的稳固性与围栏的平整性，下面介绍一种常规木质围栏的施工方法。

防腐木围栏

围栏基部砌筑花台，在花台上制作围栏构造，采用型钢骨架作为支撑，在钢材上横向钉接防腐木并涂刷木蜡油

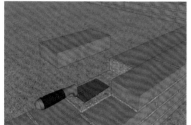

（a）砌筑花台基础

采用1:2水泥砂浆与轻质砖砌筑墙体，墙体厚度为240 mm

（b）裁切型钢

采用台式切割机裁切∠80 mm角钢，并焊接成框架

（c）安装型钢骨架基础

采用膨胀螺栓将其固定在砌筑基础上，先涂刷两遍深红色醇酸防锈漆，再涂刷两遍灰色醇酸饰面漆

采用电钻与自攻螺钉，将厚10 mm、宽90 mm的樟子松防腐木板固定在焊接框架上

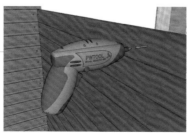

（d）钉接防腐木

防腐木围栏施工

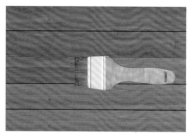

（e）涂刷木蜡油

在防腐木板上涂刷木蜡油2～3遍

3.3.2　院门设计与施工

在住宅庭院景观构造中，大门是指庭院的入口，一般与围墙一起构成整体，也可以称为围墙院门。院门按动力分类可以分为手动大门和自动大门，按制作材料分类可以分为铁门、不锈钢门、铝门、木门等。

院门设计

庭院大门一般直接在市场上选购，将定制加工的成品形体安装到庭院中。选购和安装时注意以下几点：

（1）采取防倾斜措施，加重门体下部、降低重心等，防止大门倾斜。入门下部可以增加装饰造型，而简化上部结构，增加了下部构造后还能阻挡宠物和家禽的出入。

（2）滑轨或门槛处要设置滴水槽，在开门滑轨或门槛处设置排水沟或排水坑，防止雨水流入沟槽之间。

（3）避免门体过重，门体材料的选择要与庭院内部主体环境相协调，避免选用开关困难的结构和形式。传统铸铁门自重很大，安装时应固定在混凝土结构的门柱上，每扇门要在上、中、下部设置3个连接合页。合金门和木门的自重小，可以将门扇连接在型钢焊接的门框上，并适当选用带有阻力装置的铰链。

（4）在墙壁上安装门挡，选用硬橡胶等缓冲配件以避免撞坏墙壁。如果没有特殊条件，则不要将门挡安装在地面上，以免在行走和清扫时造成不便。

木质大门

木质大门的主体材料是防腐木板，预先采用金属焊接成门扇框架，再将板材镶嵌至框架中

复合板品种较多，主要为塑料与金属复合，或塑料与木料复合，整体强度较高，平整度好，自重小，镶嵌在金属框架中

金属框架复合板大门

将不锈钢焊接成格栅框架，外观精致，造型细腻，自重较轻。如果用不锈钢制作门柱，需要形成框架造型才能稳固门扇

全钢焊接大门

不锈钢框架大门

全钢结构焊接大门构造简单，将钢管焊接后，表面覆盖焊接钢板即可，需要涂刷防锈漆

采用钢管与钢筋焊接的格栅大门与围栏形成一体化视觉效果，表现出简洁的现代风格

金属格栅大门

2. 院门施工

庭院大门多采用木质构造，为了强化构造，会采用金属框架。下面介绍一种常规金属框架木质板材大门的施工方法。

采用钢管与防腐门板制作大门，与围墙造型保持统一，木板镶嵌在金属框架中，保持平整状态

庭院大门

（a）钢材裁切

采用台式切割机裁切□100 mm方形钢管作为门框立柱，裁切□60 mm方形钢管作为门扇框架

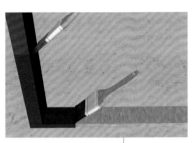

（b）焊接框架

将型钢根据设计规格焊接成框架

（c）涂刷防锈漆与饰面漆

先涂刷两遍深红色醇酸防锈漆，再涂刷两遍灰色醇酸饰面漆

（d）板材裁切

采用台式切割机裁切厚25 mm、宽110 mm的樟子松防腐木板，作为门扇遮挡板料备用

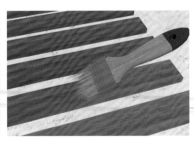

（e）板材涂刷木蜡油

在防腐木板上涂刷木蜡油2～3遍

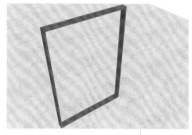

（f）镶框制作

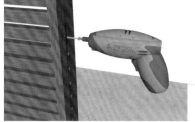

（g）插入板材

采用电钻与自攻螺钉将防腐木门扇与门框组合固定

采用台式切割机裁切厚 40 mm、宽 60 mm 的樟子松防腐木板，组合钉接成门框，涂刷木蜡油 2 ~ 3 遍备用

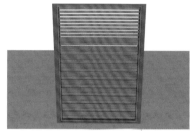

（h）镶嵌粘贴至钢板框架中

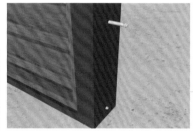

（i）固定板材

在金属框架外侧钻孔，采用 ϕ 60 mm 螺栓穿入，搭配螺母，对金属框架与防腐木加强紧固

采用免钉胶将制作完成的防腐木门扇框粘贴至金属框架内侧

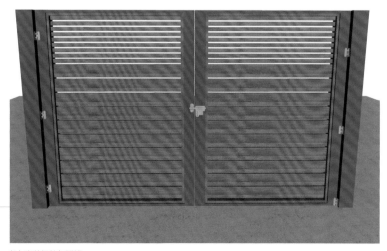

将成品门轴与插销安装在金属门框与立柱上，并完成调试

（j）安装门轴与插销

庭院大门施工

大门维护保养方法

常见的庭院大门都是成品件，订购安装后，由于厂商很少会前来保养，因此学会庭院大门的维护与保养十分重要。大门的维护保养主要集中在铁艺设施上，铁艺大门在材料和涂料的选用上都力求做到防锈、耐磨、抗腐蚀、抗暴晒等。为了延长户外铁艺设施的寿命，还应该做到以下几点：

1. 避免磕碰。铁艺制品很容易生锈，特别是其表面的防锈漆被破坏后。如果在使用中发现漆皮脱落，就要及时修补，以免生锈。

2. 定期除尘。由于户外尘埃飞扬，会影响铁艺的色泽，继而导致铁艺保护膜的破损，因此应定期擦拭户外的铁艺设施，擦拭时采用柔软的棉织品。

3. 注意防潮。由于铁艺制品为生铁锻造，因此尽可能不在潮湿的环境中使用，并注意防水防潮。如果发现铁艺制品表面褪色并出现斑点，应及时修补上漆，以免影响整体美观。

4 庭院基础工程
——顶面

建筑雨篷

▲ 主体建筑由室内空间向室外庭院空间延伸，雨篷既可以防晒、遮雨，又是功能空间的拓展，比如可当作住宅的第二厨房或餐厅

 本章导读

在庭院基础设施中，顶面指的是景观上方对人的视线产生阻挡的界面，这里主要是指雨篷、玻璃采光顶、张拉膜、遮阳篷等人工构造。

4.1　雨篷

雨篷作为建筑室内与室外的过渡空间，是建筑构造的延伸，与主体建筑连为一体，顶面有封闭或镂空等多种形式。对庭院而言，它不但具有标志性的指引作用，同时也是庭院空间文化的体现。

4.1.1　雨篷设计

雨篷根据庭院风格和使用需求呈现出多种形式，常见的结构主要有以下几种：钢筋混凝土雨篷、钢结构悬挑雨篷、玻璃采光雨篷等。

1. 钢筋混凝土雨篷

采用钢筋混凝土进行浇筑，具有结构牢固、造型厚重、不受风雨影响等特点。在雨篷外饰面抹灰时，应在篷顶、檐口、滴水等部位预留流水坡度，以免返水。

带景观树的雨篷

雨篷是建筑主体结构的延伸，在顶面给景观树预留圆孔造型，让建筑与自然生态融为一体

水面反光雨篷

游泳池水面的反光映射到雨篷下表面，波光粼粼的动态影像效果给建筑带来生机

2 钢结构悬挑雨篷

钢结构悬挑雨篷由支撑、骨架、板面三部分组成，具有结构简洁轻巧的特点，富有现代感，施工便捷、灵活。支撑构造为钢柱，钢柱与原建筑的混凝土构造或相互连接，或形成悬拉结构。

骨架：槽钢

支撑：方形钢管

板面：水泥板

型钢构造通过焊接工艺连接至建筑的主体上，悬挑后采用型钢立柱支撑

钢结构悬挑雨篷

3 玻璃采光雨篷

玻璃采光雨篷采用阳光板、钢化玻璃等材料制作，结构轻巧、造型美观新颖，安装前需要在庭院的建筑外墙上埋好固定钢材的预埋件。

透光材料的安装结构有两种形式：其一是不需要硅胶密封，设有渗水槽，不漏水，且美观方便；其二是采用加工型板材做盖板，以硅胶密封，这种结构需要使用定制型板材，施工技术容易掌握。在设计玻璃采光雨篷时，要利用压力均衡的原理来防风、防雨。在施工时，注意要留有10°～15°坡度的流水面，在周围设计流水槽和排水孔，以便排除积水。

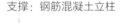

骨架：铝合金型材

支撑：钢筋混凝土立柱　　板面：钢化玻璃

玻璃采光雨篷

以铝合金构造制作框架，采用膨胀螺栓将其固定到建筑上，使用混凝土立柱支撑，覆盖钢化玻璃，通透性强

挑檐

挑檐是雨篷的一种形式，是建筑墙面向外凸出的、从屋面或楼面向外挑出的部分，作为造型或挡雨、排水的建筑结构之一，能起到美观的作用。部分坡屋顶、瓦屋顶不做挑檐，少许无组织排水的平屋顶也不做挑檐。

4.1.2 雨篷安装施工

　　庭院中使用玻璃采光雨篷的概率较高，这种构造轻盈、通透，面积可大可小，可以实现良好的遮挡功能。钢化玻璃虽然遮阳效果差，但是可以根据需要对其铺贴遮阳膜来提升遮阳功能。下面介绍一种造型简洁的玻璃采光雨篷的施工方法。

玻璃采光雨篷

采用槽钢焊接玻璃采光雨篷的主体结构，涂刷防锈涂料与饰面涂料，制作立柱支撑，铺装钢化玻璃

（a）搭建脚手架

根据施工界面高度与区域面积，租赁或采购移动脚手架，搭建后能提高人员的施工高度

（b）裁切钢材

使用台锯裁切钢材，主要采用截面边长 160 mm 的槽钢作为主体框架，∅ 60 mm 的圆管钢作为立柱

（c）墙面放线定位

在墙面高处钉支承板，用于放置水平仪，在墙面上放线定位

（d）将槽钢固定至墙体上

（e）起吊槽钢至脚手架上

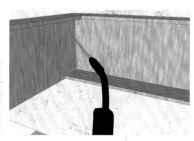
（f）焊接框架型材

根据放线位置，采用膨胀螺栓将槽钢固定在墙面高处

采用吊机将其他槽钢吊装至脚手架上，与已固定的槽钢保持高度一致

采用电焊枪将吊装槽钢与墙面已固定的槽钢焊接。焊接后做好临时支撑

（g）制作立柱基础

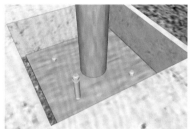
（h）固定立柱钢管

（i）焊接立柱与框架

在地面开挖坑槽或钻孔，深度 500 mm 左右，坑底铺设碎石并浇筑 C20 混凝土

采用膨胀螺栓将厚 10 mm 的钢板固定在坑底的混凝土上，并在钢板上焊接 Ø 60 mm 圆管钢

在圆管钢的顶部焊接厚 10 mm 的钢板，并将钢板与顶部截面边长 160 mm 的槽钢焊接在一起

在槽钢内侧安装灯具，并布置电线

（j）涂刷防锈漆与饰面漆

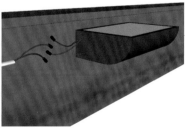
（k）布线安装灯具

在钢化玻璃与槽钢框架之间的缝隙填注聚氨酯结构胶，黏结固定钢化玻璃

在焊接完成的钢结构表面涂刷深红色醇酸防锈漆两遍，干燥后再涂刷深灰色醇酸饰面漆两遍

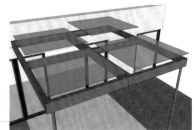
（l）吊装钢化玻璃
玻璃采光雨篷施工

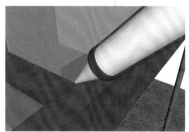
（m）缝隙注入结构胶

将厚 16 mm 的双层夹胶钢化玻璃吊装至框架上方，逐块安装

4.2 玻璃采光顶

玻璃采光顶处于庭院构筑物的内部，无悬挑、无立柱支撑，表面全覆盖钢化玻璃，是一种采光和装饰并重的庭院建筑屋面顶棚。它的出现最初是为了满足室内采光需求，现在逐步应用到庭院中。玻璃采光顶在满足采光需求的同时，还能营造出丰富多彩的庭院气氛。

> 玻璃采光顶是庭院建筑构造中的顶棚。其周边均有建筑构造支撑，中央无明显立柱支撑，顶面以玻璃材料为主，具有透光性能好、质感轻盈的视觉效果

玻璃采光顶

4.2.1 玻璃采光顶设计

1. 玻璃采光顶的形式

玻璃采光顶的形式取决于其下建筑的结构，建筑结构一般分为钢筋混凝土结构和钢结构两类。

（1）钢筋混凝土结构玻璃采光顶：这类采光顶需要在庭院内制作混凝土立柱，并与住宅建筑相连，在连接的框架中就形成了井格形的采光天窗，可以将玻璃安置在混凝土的井格上。

（2）钢结构玻璃采光顶：玻璃采光顶可以按照使用要求灵活布置，采用型钢焊接成框架支撑在庭院里，能设计成各种造型和面积较大的采光屋顶。当屋顶采用钢结构时，整个庭院上方都可以做成采光玻璃顶，但要在构造设计上解决顶面的排水和钢结构的防腐、防火问题。

钢筋混凝土结构玻璃采光顶

> 玻璃采光顶的结构主体是建筑，虽然用玻璃替换钢筋混凝土作为屋顶材料，但是整体建筑的其他构造仍然是传统的钢筋混凝土材料，包括立柱、横梁等重要支撑构造，可以给整体结构带来良好的安全性与稳固性

钢结构玻璃采光顶

钢结构焊接后，在结构上部安装钢化玻璃，形成通透性较好的玻璃采光顶。整个顶棚一面与建筑构造连接，另一面采用钢结构立柱组合支撑，支撑构造形成墙体造型，侧面也安装钢化玻璃，最终形成围合性与封闭性良好的玻璃采光构造

 ## 玻璃采光顶的材料

玻璃顶要求有良好的抗冲击能力、保温隔热和防水密封性能。玻璃采光顶材料的选用应符合国家标准，主要是防止碎落伤人。玻璃采光顶的材料有多种，比如夹胶玻璃、中空玻璃、聚碳酸酯有机玻璃等。

（1）夹胶玻璃是将两片或两片以上的平板钢化玻璃，用聚乙烯塑料黏合而成的高强度玻璃，被击碎后能借助中间塑料层而黏结在一起，仅产生辐射状裂纹，不至于脱落。

（2）中空玻璃能减少热传导，由两层钢化玻璃组成，玻璃之间有空隙间隔，周边用聚氨酯胶封闭，玻璃之间的空间抽出空气或注入惰性气体，不会产生水汽与露珠。

（3）聚碳酸酯有机玻璃是坚韧的热塑性塑料，具有很高的抗冲击强度和高软化温度，广泛用于可能存在高空坠物危险的玻璃采光顶。

中空玻璃中间为空心状态，表层为钢化玻璃，常见规格为5 mm+9 mm+5 mm、6 mm+12 mm+6 mm，其中9 mm与12 mm是中央内空的厚度。中空玻璃内部周边有铝合金装饰条，其中含有干燥剂，能防止玻璃夹层出现水雾

夹胶玻璃

中空玻璃

聚碳酸酯有机玻璃

夹胶玻璃具有较高的安全性，常用的是双层夹胶玻璃，两层均为钢化玻璃，边缘进行倒角处理。玻璃自身强度高，万一发生破裂也不会脱落，而会被中间的聚乙烯塑料胶片黏合在一起

聚碳酸酯有机玻璃强度高且具有韧性，受到外界撞击后不易破裂，维护更换成本较低

玻璃采光顶弊端解决

玻璃采光顶的最大问题是保温隔热性能差，如果室内与室外温差大，容易产生冷凝水滴落，要解决这个问题有以下三种常见的办法：

1. 采用多层玻璃，改善保温隔热的性能。

2. 做好玻璃采光顶的坡度和弧度设计，并设计完善的排水系统。

3. 在玻璃下面的墙体上留通风缝或通风孔，让外面的冷空气渗入室内，以便减小室内与室外的温差。

玻璃采光顶使用的其他材料主要有以下两种：

（1）骨架。大多采用型钢、铝合金、不锈钢型材，制成不同形式的标准单元，预制装配。比较大的复合式玻璃顶需要有完整的骨架体系，由主骨架和横向型材组成。型材的下部有排水沟，玻璃上的凝结水先流到横向型材的沟里，横向型材的水再流入主骨架的排水沟中，最后导入边框的总槽沟内由泄水孔排出。型材和玻璃之间使用氯丁橡胶作为衬垫密封材料。

（2）玻璃膜。主要材料为聚酯基片（PET），一面镀有防划伤层（SR），另一面安装胶层及保护膜。玻璃膜是一种耐久性强、坚固、高韧性、耐潮、耐高温、耐低温的材料，材质清澈透明，贴在玻璃采光顶下侧，具有一定的遮阳、防爆功能。

铝合金骨架强度高，内部构造相互支撑，具有一定的韧性，是玻璃采光顶骨架的首选材料，具体构造可以根据不同厚度定制成型。表面有喷粉、镀膜等多种工艺，形成不同色彩，无须涂刷防锈涂料与饰面涂料

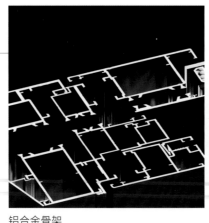

铝合金骨架

玻璃膜

玻璃膜有三层，分别为胶纸层、玻璃膜、表层膜。在需要粘贴玻璃的表面喷水润湿，揭开胶纸层，将膜贴至玻璃上，用刮板刮平、晾干，最后揭开表层膜

4.2.2 玻璃采光顶安装施工

在庭院中的建筑构造之间建造玻璃采光顶能连通空间，将原本分离的建筑结构连为一体。下面介绍一种钢木混搭的玻璃采光顶的安装施工方法。

玻璃采光顶

采用槽钢焊接玻璃采光顶主体结构，涂刷防锈涂料与饰面涂料，制作立柱支撑，铺装钢化玻璃

根据设计要求，使用切割机裁切防腐木，防腐木的截面规格为 180 mm×90 mm，也可以购置规格类似的成品防腐木

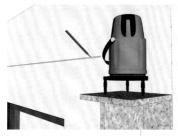

（a）墙面放线定位

（b）在建筑构造上安装预埋件

（c）裁切木材

在墙面高处钉支承板，用于放置水平仪，在墙面上放线定位

采用膨胀螺栓将金属T形预埋件安装在墙面上

将加工完成的防腐木端头钻孔，并将防腐木对接至预埋件上

（d）防腐木精加工

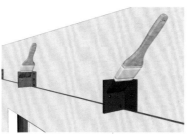

（e）涂刷防锈漆

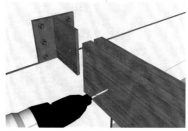

（f）防腐木与预埋件对接

使用台锯对防腐木进行加工，切割出凹槽，规格与T形预埋件相当

在预埋件表面涂刷深红色醇酸防锈漆两遍，干燥后再涂刷深灰色醇酸饰面漆两遍

（g）安装固定

采用螺栓将防腐木与预埋件固定

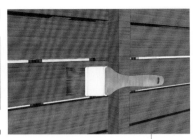

（h）钉接防腐木横向围板

采用双头钉将横向围板钉接至主体构架上

（i）涂刷木蜡油

在防腐木构造上涂刷木蜡油2～3遍

将厚16mm的双层夹胶钢化玻璃吊装至防腐木框架上方，逐块安装

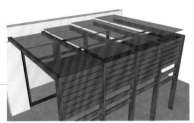

（j）铺装玻璃

玻璃采光顶安装施工

（k）在缝隙中注入结构胶

在钢化玻璃与防腐木的框架之间填注聚氨酯结构胶，黏结固定钢化玻璃

4.3 张拉膜

张拉膜又称为索膜、张力膜或空间膜，是建筑与结构结合的结构体系，具有造型自由、轻巧、柔美、充满力量感、使用安全等优点。它是利用高强度柔性薄膜材料与支撑体系相结合形成的具有一定刚度的稳定曲面，是一种可以承受一定外荷载的空间结构形式。

张拉膜的质量只是传统钢结构顶棚的5%，可以从根本上克服传统结构在实现大跨度时所遇到的困难，可以创造巨大的无遮挡可视空间。在住宅庭院中适当选用张拉膜可以提升庭院的现代感，这种顶棚形式还适用于入口廊道、小品、庭院休闲区等区域。

钢结构框架张拉膜

制作钢结构框架后，在顶部四周安装张拉膜，四边固定并拉伸绷紧，采用半透光材质，形成绷紧平整的效果，透光效果好

绳索张拉膜

4.3.1　张拉膜设计

张拉膜的材料是以聚酯纤维基布为基础，配以优质的 PVC 材料组成稳定的形状，并可承受一定载荷的建筑纺织品。它的寿命因不同的表面涂层而异，一般可使用 12 ~ 50 年。张拉膜从结构方式上大致可分为骨架式、张拉式、充气式三种形式。

 骨架式膜结构

骨架式膜结构是以钢结构或集成构架为骨架，在上方形成张拉膜材的形式，下部作为安定支撑。它的顶部造型比较简洁，开口部不受限制，且价格低廉，广泛适用于任何规模的空间。

骨架式膜结构需要绳索、钢丝等材料作为支撑，形成纵横交错的拉伸构造。张拉膜边缘缝制穿绳孔，将绳索沿着骨架拉伸，可开可合，形成良好的遮蔽效果

骨架式膜结构

❷ 张拉式膜结构

　　张拉式膜结构是由膜材、钢索及支柱构成，利用钢索与支柱在膜材中导入张力以达到平稳的形式。除了可实现的创意造型，还是最能展现膜结构精神的构造形式。近年来，大型跨距空间也多采用以钢索和压缩材料构成钢索网来支撑上部膜材的形式。因其施工精度要求高、结构性能强，且具有丰富的表现力，所以造价略高于骨架式膜结构。

张拉式膜结构依靠自身韧性形成拉伸感很强的顶棚结构，张拉膜边缘缝制穿绳孔，采用较粗的绳索拉伸牵引，固定到建筑与立柱上

张拉式膜结构

❸ 充气式膜结构

　　充气式膜结构是一种新型顶棚材料，它是将膜材固定至屋顶构造上，通过送风系统给张拉膜充气，形成表面较平整的遮挡构造，周边采用钢索辅助拉伸，可得到更大的顶棚面积。施工快捷，购置成本低廉，但需维持 24 小时电力送风，持续运行与机器维护的成本较高。

张拉膜

钢结构横梁内安装风机管道

机房

钢结构立柱

充气式膜结构

充气式膜结构安装需要预先制作送风系统，将风机安装在横梁骨架中。建筑构造中还需设计机房给风机提供动力，风力从横梁内向上方的张拉膜吹送，支撑张拉膜的平整度

4.3.2 张拉膜安装施工

庭院中的张拉膜,如果要满足可开可合的使用功能,就需要设计能收放自如的简要结构。下面介绍可自由开启、关闭的张拉膜顶棚的安装方法。

张拉膜顶棚

采用防腐木制作廊架,在横梁之间安装不锈钢钢管,用于支撑张拉膜,廊架左右两侧均设计拉动绳索,可以控制张拉膜的开启和关闭

基坑内铺设厚 50 mm 的碎石层,采用胶合板制作围合模板,模板内采用 φ10 mm 钢筋编制网架,围合模板地梁高度与宽度均为 250 mm

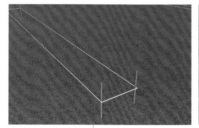

(a)地面放线定位

(b)开挖基坑

(c)制作钢筋骨架与模板

测量施工区域的尺寸,在区域边角钉入钢筋,在钢筋上绑绕尼龙线,标识施工区域

开挖基坑,可先采用挖掘机施工,再用铁锹整平坑底与坑壁

采用膨胀螺栓将厚 10 mm 的钢板固定在坑内基础混凝土上,并在钢板上焊接 φ40 mm、长 150 mm 的圆管钢,在防腐木立柱底部截面钻出 φ45 mm、深度为 160 mm 的圆孔,对插至 φ40 mm 圆管钢上。可加免钉胶强化固定

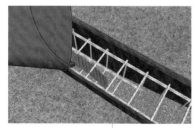

(d)铺设碎石并浇筑混凝土

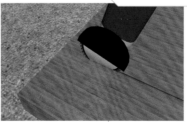

(e)裁切立柱

(f)安装立柱基础

在模板内浇筑 C25 混凝土

根据设计要求,使用切割机裁切防腐木,防腐木立柱截面规格为 180 mm×120 mm,横梁截面规格为 120 mm×90 mm,也可以购置规格类似的成品防腐木

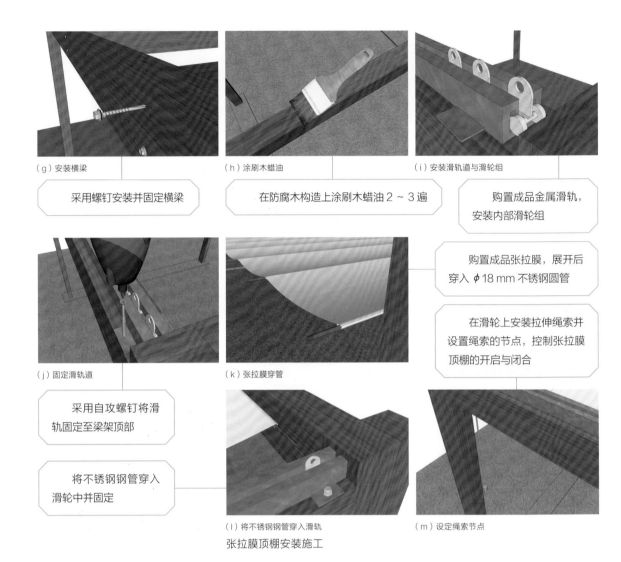

（g）安装横梁

采用螺钉安装并固定横梁

（h）涂刷木蜡油

在防腐木构造上涂刷木蜡油2～3遍

（i）安装滑轨道与滑轮组

购置成品金属滑轨，安装内部滑轮组

（j）固定滑轨道

采用自攻螺钉将滑轨固定至梁架顶部

将不锈钢钢管穿入滑轮中并固定

（k）张拉膜穿管

购置成品张拉膜，展开后穿入 ϕ 18 mm 不锈钢圆管

在滑轮上安装拉伸绳索并设置绳索的节点，控制张拉膜顶棚的开启与闭合

（l）将不锈钢钢管穿入滑轨
张拉膜顶棚安装施工

（m）设定绳索节点

4.4 遮阳篷

遮阳篷是很多采光好的庭院经常使用的顶棚材料，在炎热的季节，架设在庭院的遮阳篷可以很好地帮助降低室内温度，避免因关闭室内窗帘而影响采光。

4.4.1 遮阳篷设计

现代遮阳篷的形式多样，色彩丰富，一般采用铝合金骨架支撑，表面覆盖复合塑料帆布，能随意缩展，使用方便，是庭院中优良的顶棚材料之一。遮阳篷主要有曲臂式、天顶式、悬挑式、门窗式几个种类，与传统的窗帘等内部遮阳构造相比，遮阳篷的优势非常明显。

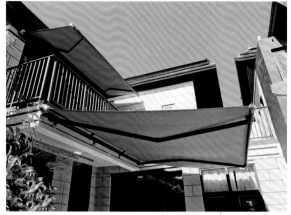

曲臂式遮阳篷

曲臂式遮阳篷可以通过转动拉杆来伸展、收回，其中可活动的曲臂能自由伸缩，可连带遮阳篷面料收回至卷轴上。除了手动操作，还可以安装电动机自动伸缩

天顶式遮阳篷

天顶式遮阳篷需要制作固定框架，在框架上安装滑轨，可以通过拉伸遮阳篷面料控制其开启与闭合

悬挑式遮阳篷

悬挑式遮阳篷为预制成品件，根据庭院面积购置后，直接进行安装即可。支撑立柱通过膨胀螺栓安装在地面的混凝土基础上

门窗式遮阳篷

门窗式遮阳篷根据建筑门窗尺寸定制生产，采用膨胀螺栓将框架安装在建筑的墙体或立柱上，安装基础以砖砌墙体为佳

在现实生活中，遮阳篷可以有效地遮挡阳光、降低能耗，在夏季是一种最节能的隔热方式。它不会产生眩光，不影响从室内观赏窗外的风景。遮阳篷还有较好的防紫外线功能，可以使人体皮肤免受紫外线的侵袭，延长人们在庭院生活的时间。现在很多质量出众的遮阳篷都具备了智能化控制设备，可以通过阳光传感装置、风力传感装置及雨传感装置等感知装置，不需人工控制就能实现自动卷动，从而省去了操作的麻烦。

遮阳篷一般由专业厂商上门测量尺寸后定制，它的色彩和样式一定要与现有的庭院风格相匹配，不宜选用色彩过于鲜艳的产品，避免时间久了明显褪色。在使用中要注意天气变化，在自然风速超过 6 级或雨水能在遮阳篷布表面形成水洼以及大雪天气里，一定要注意闭合，以延长它的使用寿命，保证遮阳效果。

遮阳篷骨架

遮阳面料

铝合金轨道

钢结构框架

预先制作钢结构框架，在框架横梁上加装铝合金轨道，轨道下有挂钩连接遮阳篷骨架，骨架连接遮阳面料

滑轨遮阳篷

铝合金框架

铝合金横撑

遮阳面料

预先制作铝合金框架，在外框架边缘上加装挂孔，将遮阳面料通过绳索挂到挂孔上

固定遮阳篷

遮阳篷护理方法

1. 遮阳篷只有干净、干燥后才能收起，湿的遮阳篷要晾干后再收起。

2. 清洗遮阳篷时，应将它完全打开，清洗维护时不要靠在遮阳篷上，也不要太用力压在遮阳篷上面。

3. 在使用中，用软毛刷子定期清除灰尘，要及时清理树枝、树叶等杂物。如果遮阳布上沾有小块污渍，可用蘸有普通清洁剂的软毛刷轻刷，之后用清水冲洗掉清洁剂。

4. 遮阳篷的铝合金部件不能用酸性物质或研磨材料清洗，以免损坏其表面。一般要用软布和清洁剂来清洗。用在铝合金上的清洁剂，不要接触遮阳布，以免造成腐蚀。

4.4.2 遮阳篷安装施工

庭院多会在建筑外墙上安装遮阳篷，尤其是建筑通向庭院的门窗前，遮阳篷能遮挡强烈的室外阳光。下面介绍曲臂式遮阳篷的安装施工方法。

将购置的成品遮阳篷基础固定件安装到建筑外墙上，再逐步安装曲臂连接件与遮阳篷面料

曲臂式遮阳篷

在墙面高处钉支承板，用于放置水平仪，在墙面上放线定位

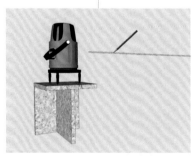

（a）墙面放线定位

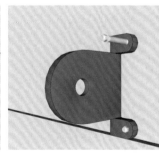

（b）安装预埋件

采用膨胀螺栓将金属预埋件固定到墙面上

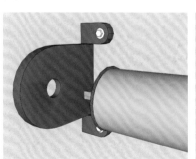

（c）安装基础轴

（d）安装曲臂

采用螺栓将曲臂固定至基础轴上

将基础轴安装至预埋件上，轴对孔安装紧密

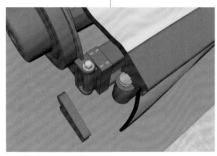

安装曲臂关节轴，固定时保持一定的旋转活动空间

（e）固定曲臂关节轴

在基础轴侧面、预埋件外部安装传动钩与传动杆

（f）安装传动钩与传动杆

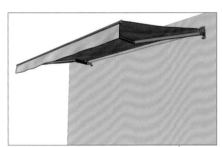

（g）转动展开

曲臂式遮阳篷安装施工

将传动钩转动展开，测试遮阳篷

安装并转动传动杆，反复开启、闭合遮阳篷5次，确认无误后安装完成

（h）转动闭合

5

景观小品

景亭

▲ 景亭是庭院中最常见的建筑构造之一。独立于主体建筑之外，自成一体，通过立柱与顶棚进行围合，既有开放感又有归属感

 本章导读

　　景观小品独立于住宅建筑，与住宅建筑没有直接联系，属于自成体系的建筑构造。

阳光房俗称玻璃房，可以搭建在复式住宅露台、建筑一楼花园、建筑顶部平台等区域。它的建筑立面甚至顶部全部为玻璃结构，具有良好的密封效果。阳光房立面、顶部有可开启的门窗组合，门窗质量决定了阳光房的构建品质。

5.1.1　阳光房设计

阳光房按照建筑特点与实用性划分，可分为普通型、休闲型、功能型三种。

 普通型阳光房

这类阳光房大多用来做小花房，养些花草鱼虫。由于采光和通风较好，这里非常适合喜阳植物生长。也可用于庭院游泳池的盖顶，保持游泳池水质卫生。这种类型的阳光房功能结构单一，用材普通。

入户阳光房

进入室内大门前可在阳光房换鞋更衣。这里放置出行用的杂物与绿化植物，是室内空间向庭院的拓展

游泳池阳光房

阳光房能遮盖庭院中的游泳池，减少水分蒸发，且保持游泳池清洁，降低换水频率，节省游泳池的日常维护成本

❷ 休闲型阳光房

休闲型阳光房属于中档阳光房，适合建造于别墅庭院。搭配精美的遮阳帘，里面可摆放牌桌、健身器材等娱乐休闲用品。

在建筑露台上安装阳光房，将休闲生活家具搬到阳光房内，多以健身、娱乐为主，有助于提升生活品质

露台阳光房

位于后院的弧形圆角阳光房视野较好，放置躺椅，白天能享受日光浴，夜间能观赏星空

休闲阳光房

 功能型阳光房

　　属于高档阳光房，可以当作小餐厅、客厅、书房或儿童娱乐室等空间来使用。采用较高的技术标准来构筑，主要有中空钢化玻璃、实木或铝合金门窗，可加上专用通风装置及遮阳系统，使用起来更便捷、更实用。

在庭院中划分一块区域，构建阳光房作为独立餐厅使用，是招待客人、户外烧烤的休闲场所。阳光房造型可注入传统风格，提升户外就餐的视觉审美效果

独立餐厅阳光房

　　在建筑之间的中庭空间建造阳光房，将室内与室外融为一体，选用优质型材，加大梁架跨度，形成家庭团聚的极佳场所

中庭阳光房

阳光房的材料主要是玻璃，常用的玻璃有钢化玻璃、夹胶玻璃、中空玻璃等，这些产品具有保温、隔热、防紫外线等多重功能，具有外观新颖、使用安全、美观大方等优点，并采用双重防水结构。优质阳光房的骨架材料一般采用断桥铝合金型材，隔热、保温性能优良，结构坚固，抗震抗风。

> 断桥铝型材是将铝合金从中间断开，采用硬塑将断开的铝合金连为一体，由于塑料导热性明显要比金属差，这样热量就不容易通过铝合金材料。断桥铝型材比普通铝合金型材有着更优异的性能

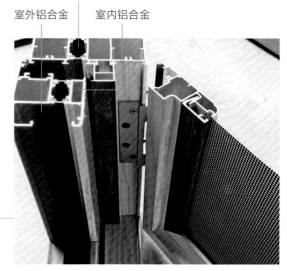

断桥塑料连接件
室外铝合金　室内铝合金

阳光房断桥铝合金型材

✔ 小贴士

阳光房的保养

1. 阳光房要保持门窗清洁，特别是推拉槽的内凹结构，可以用吸尘器清除积灰。清洁阳光房门窗时，人不要将身体支撑在门窗框架上。可使用软性或中性洗洁剂，不能用普通肥皂和洗衣粉，更不能用去污粉、洁厕灵等强酸碱类型的清洁剂。雨天过后应及时擦干淋湿的玻璃和门窗框，特别注意抹干滑槽内的积水。

2. 门窗开关切勿硬拉硬推，要经常检查阳光房的连接部位，及时旋紧螺栓、更换已受损的零件。定位轴销、风撑、地弹簧等易损部件要时常检查。密封毛条和玻璃胶封是保证门窗密封保温的关键部位，若有脱落要及时修补、替换。经常检查门窗与阳光房的结合处，如果有松动，易导致框架整体变形，影响阳光房门窗的正常使用。滑槽用久后摩擦力会增加，可以添加少许机油润滑。

5.1.2　阳光房施工

庭院阳光房采用断桥铝合金型材，注重地面、墙体基础构造的稳固性。下面介绍一款阳光房的施工方法。

滑盖阳光房

在墙面、地面预埋膨胀螺栓与固定件，安装紧贴墙面、地面的铝合金型材，组装垂直构件与滑动构件，最后安装玻璃并注胶密封边缘

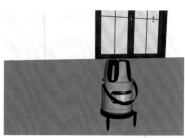

（a）墙面、地面放线定位

采用激光水平仪投射出激光线垂直进行定位，在墙面、地面上标记出预埋件安装的位置

（b）安装预埋件

采用膨胀螺栓将金属T形预埋件安装在墙面上

（c）安装地面铝合金

在地面铝合金型材安装部位钻孔，采用螺栓将铝合金型材与预埋件连接固定

（d）安装墙面铝合金

在墙面铝合金型材安装部位钻孔，采用螺栓将铝合金型材与预埋件连接固定

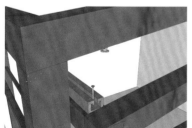

（e）组装滑动构件

滑盖阳光房施工

采用自攻螺钉将滑轨固定至梁架顶部

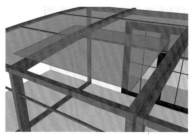

（f）安装中空玻璃

将厚16 mm的双层夹胶钢化玻璃吊装至防腐木框架上方，逐块安装

（g）在缝隙中注胶

在钢化玻璃与防腐木框架之间填注聚氨酯结构胶，黏结固定钢化玻璃

5.2 景亭

景亭是传统单体建筑之一，是建筑在庭院中供行人休息的小亭，造型轻巧灵活、选材丰富多样，常由柱子支承屋顶建造。

5.2.1 景亭设计

景亭的建筑材料多使用木材、混凝土、钢材等做梁柱，装饰构造则多用木材或钢材。棚架一般采用圆柱做梁柱，采用竹料做立柱，近几年来庭院设计多采用仿木混凝土，提高了棚架的耐久性。随着防腐木的普及，木质景亭应选用经过防腐处理的红杉木等耐久性强的木材，盘结悬垂类的藤木景亭应确保植物生长所需空间。因为景亭下会形成阴影，这里不应种植草皮，可使用不规则的铁平石铺砌地面。

景亭的尺寸一般为高 2200 ～ 3000 mm、宽 3000 ～ 5000 mm、长 2000 ～ 6000 mm。悬臂式景亭宽度则为 2000 ～ 2400 mm，悬臂彼此的间隔一般为 300 ～ 500 mm。

钢结构景亭

钢结构焊接是最稳固、造价最低廉的制作工艺，立柱采用型钢焊接，立柱外围与顶面覆盖彩色铝合金板材进行装饰

防腐木景亭

防腐木建造的景亭结构简单，具有古风韵味，但对后期的
维护与保养会有较高要求，需要定期涂刷木蜡油防腐，且防腐木
在强烈的日照下容易褪色、开裂

铝合金景亭

铝合金构造坚挺平直，制成景亭后的整体
视觉效果端正，铝合金型材外围覆塑贴面处理，
全白色木质纹理适合欧式田园风格庭院

5.2.2 景亭施工

景亭在小庭院中应用较多，目前大多数景
亭为木质构造，均为成品件，可在园林景观建
材市场购买，运输到庭院直接安装，注重地面
基础的稳固性即可。下面介绍一款木质景亭的
施工方法。

预先制作地面基础，在基础地台上
安装立柱与横梁，建立主体框架后安装高
处罩板与成品屋顶，最后安装地板与座椅

防腐木景亭

（a）地面放线定位

测量施工区域尺寸，在区域边角钉入钢筋，在钢筋上绑绕尼龙线，标识施工区域

（b）开挖基坑

开挖基坑，深度为 300 mm 左右，可先采用挖掘机施工，再用铁锹整平坑底与坑壁

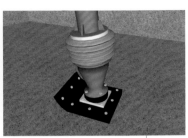

（c）基坑夯实

采用打夯机夯实基坑底部

（d）铺设碎石

铺设粒径 30 mm 的碎石，厚 50 mm

（e）浇筑混凝土

浇筑 C25 混凝土，厚 50 mm。碎石与混凝土整体铺设厚度为 100 mm

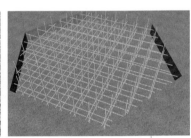

（f）编制地基钢架

采用 ϕ10 ～ ϕ14 mm 钢筋插入混凝土中，并编制成钢筋网架，网格间距为 200 mm，用细铁丝绑扎钢筋

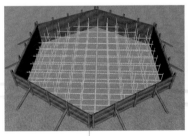

（g）搭建混凝土模板

在钢筋网架周边围合模板，模板高度超出地面 300 mm

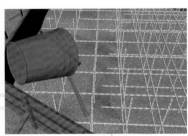

（h）浇筑混凝土

在模板内浇筑 C25 混凝土，深度为 500 mm，浇筑层高出地面 300 mm 左右

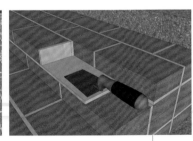

（i）砌筑台阶

采用 1：2 水泥砂浆与轻质砖砌筑台阶

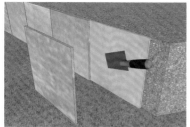

（j）基础砖石铺装

采用素水泥浆在砌筑构造与浇筑构造表面铺贴砖石材料

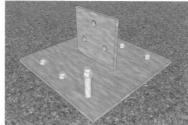

（k）基础固定预埋件

采用膨胀螺栓固定预埋件至基础构造表面

（l）安装景亭立柱

对防腐木立柱进行安装，采用螺栓固定

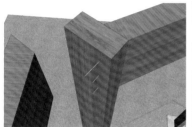

（m）安装横梁

采用双头钉暂时固定横梁

（n）安装罩板

采用双头钉暂时固定装饰罩板

（o）吊装顶部

采用吊机将成品顶棚吊起至安装高度

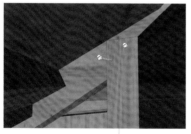

（p）固定顶部

采用螺钉将横梁、罩板、顶棚逐一固定

在地板上开孔，将安装完成的成品座椅椅腿插入孔洞内，用免钉胶固定

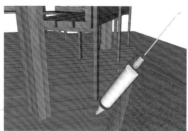

（q）铺装地面

在地面铺装铝合金钢龙骨，采用配套卡扣件安装防腐木地板

在防腐木构造上涂刷木蜡油2～3遍

（r）安装座椅

防腐木景亭施工

（s）涂刷木蜡油

廊具有引导人流与视线、连接景观节点和供人休息的功能，其造型和长度也形成了带有韵律感的连续景观效果。廊与景墙、花墙相结合能增加庭院的观赏价值和文化内涵。

5.3.1 廊设计

廊以有顶盖的造型为主，主要有独立廊与边廊两种形式。廊的宽度和高度应根据业主身材比例关系加以控制，避免过宽或过高，一般高度宜在 2200 ~ 2500 mm，宽度宜在 900 ~ 1800 mm。现代住宅建筑与建筑之间连廊的尺度必须与主体建筑相适应。廊以柱构成既开放又限定的空间，可以增加环境景观的层次感。廊柱间距较大，纵列间距宜在 3000 ~ 4800 mm。

设计时应注意，廊的形式、尺寸、色彩和材质都应与所在的环境相适应，廊下还要设置供休息使用的椅凳。它们的结构设计要注重安全性，尤其是通过厂商定制的产品，要仔细查看厂商的设计图纸，了解安装和承载质量等事宜。

雕花金属独立廊

钢结构立柱廊能获得较好的平直度，廊的形体更加挺括，顶部与侧立面安装钢化玻璃并贴膜，能获得柔和的采光

将铝合金板通过机械或激光雕刻形成丰富的图案，铺装在廊的基础框架上，在庭院中可以获得丰富的光影效果，营造超现实主义风格

玻璃顶棚独立廊

仿古风格边廊

现代风格边廊

仿古风格边廊要与主体建筑风格一致，采用钢结构制作，立柱表面辊压涂料纹理，形成丰富的视觉效果

边廊依靠建筑外墙与落地玻璃门窗，整体风格统一，视野通透开阔。顶面安装灯具，在夜间能营造很好的照明氛围

5.3.2　廊施工

　　廊在庭院中主要用于连通各个功能区，比如从庭院大门通向建筑入户大门。目前大多数廊为木质构造，与景亭一样均为成品件，施工方法基本相同，只是对基础的要求不用过于严格。下面介绍一款木质独立廊的施工方法。

预先将地面铺装平整，地面铺装的砖石基础应当具有厚度超过 200 mm 的水泥砂浆层或混凝土层，在地面基础上安装立柱与梁架，主体构造之间采用螺栓连接，上表面铺装隔声板与彩色钢板

防腐木廊

（a）地面放线定位

测量施工区域尺寸，在区域边角钉入钢筋，在钢筋上绑绕尼龙线，标识施工区域

（b）开挖基坑

开挖基坑，深度为 300 mm 左右，可先采用挖掘机施工，再用铁锹整平坑底与坑壁

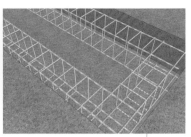

（c）编制地基钢架

采用 ϕ 10 ～ ϕ 14 mm 钢筋插入混凝土中，并编制成钢筋网架，网格间距为 200 mm，用细铁丝绑扎钢筋

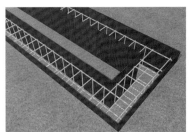

（d）搭建混凝土模板

在钢筋网架周边围合模板，模板高度超出地面 50 mm

（e）浇筑混凝土

在模板中浇筑 C25 混凝土，浇筑深度为 350 mm，浇筑层高于地面 50 mm 左右。在中央区域填充粒径 30 mm 的碎石，厚度为 50 mm

（f）安装景亭立柱

采用膨胀螺栓固定预埋件至基础构造表面，对防腐木立柱进行安装，采用螺栓固定

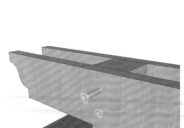

（g）安装横梁

在防腐木上钻孔，采用螺栓将防腐木的横梁与立柱固定

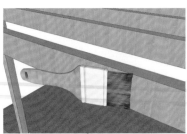

（h）涂刷木蜡油

在防腐木构造上涂刷木蜡油 2 ～ 3 遍

（i）安装隔声板

防腐木梁架构造安装完毕后，在梁架上铺装隔声板，采用自攻螺钉固定

134

在隔声板上继续安装彩色涂层钢板，采用自攻螺钉固定，自攻螺钉穿透隔声板安装至防腐木梁架上

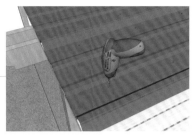

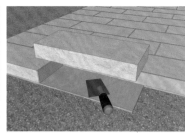

（j）安装彩色涂层钢板
防腐木廊施工

（k）铺装地面

采用素水泥浆在地面铺贴砖石材料

5.4 棚架

棚架一般是为了盘结藤萝、葡萄等植物而建的构造。庭院棚架更多地作为外部空间通道使用，还有分隔空间、连接景点、引导视线的作用。由于棚架顶部有植物覆盖，因此减少了太阳对人的照晒。有遮雨功能的棚架，可局部采用玻璃和篷布覆盖，适用于藤本植物。

带篷布的防腐木棚架

5.4.1　棚架设计

棚架形式可以分为门式、悬臂式和组合式。棚架的标准尺寸为高 2200 ~ 2500 mm、宽 3000 ~ 5000 mm、长 3000 ~ 8000 mm。柱、梁皆选用直径为 100 ~ 200 mm 的打磨圆木。立柱间隔为 2400 ~ 2700 mm。在梁与梁上搭置间隔 300 ~ 400 mm 的格架，格栅棚架的基础埋至地面深度约 900 mm 处。

铝合金棚架

铝合金型材制作的棚架挺括感很强，形态笔直，不变形，单根型材的跨度可达到 6000 mm 以上，主梁中可穿插型钢来增加强度

型钢棚架

型钢棚架通过焊接构筑，造型简洁，立柱、横梁、格架均为方正的造型，适用于现代风格庭院

型钢 + 塑木棚架

型钢作为主要立柱与横梁构造，支撑着整个棚架的质量。顶部格架采用防腐木，最后涂饰相同色彩的醇酸漆，保持质地、风格统一

防腐木棚架

防腐木构造丰富多样，可以在细节上尽情发挥，让粗糙单一的木质构造形成精致细腻的变化与风格

5.4.2　棚架施工

棚架结构简单，造型突出，在庭院中占据着较大面积，是整个庭院设计施工的核心，也是庭院休闲的中心。下面介绍两款木质棚架的施工方法。

　四立柱棚架

四立柱棚架形态稳固，为了提升防腐木的耐久性，在棚架下部增设了砌筑柱础，能有效防止潮湿对防腐木的影响。

在庭院地面制作钢筋混凝土基础，基础高度达到地面以上，再安装棚架立柱。立柱上层构造简单，通过螺栓与螺钉固定

四立柱棚架

（a）地面放线定位

测量施工区域尺寸，在区域边角钉入钢筋，在钢筋上绑绕尼龙线，标识施工区域

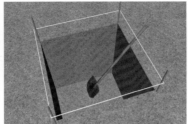

（b）开挖基坑

开挖基坑，深度为 500 mm 左右，可先采用挖掘机施工，再用铁锹整平坑底与坑壁

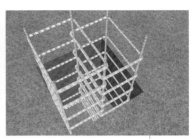

（c）编制地基钢架

采用 ϕ10 ～ ϕ14 mm 钢筋编制成钢筋网架，网格间距为 200 mm，用细铁丝绑扎钢筋

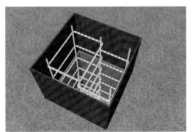

（d）搭建混凝土模板

基坑底部铺设粒径30 mm 的碎石，碎石层厚 100 mm，在钢筋网架周边围合模板，模板高度超出地面 400 mm

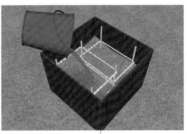

（e）浇筑混凝土

在模板中浇筑 C25 混凝土，浇筑层高于地面 400 mm 左右，混凝土浇筑整体深度为 800 mm

（f）预埋钢管

采用振捣棒对浇筑的混凝土进行振动，捣出气泡，并在其中预埋 4 根 ϕ20 mm、长 800 mm 的钢管，埋入 500 mm，外露 300 mm

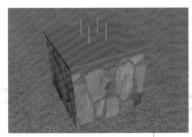

（g）铺装柱础与石板饰面

脱模后铺装石料装饰，在基础上表面铺装厚 30 mm 的石板，预先对石板加工钻孔，采用 1：1 水泥砂浆铺贴固定

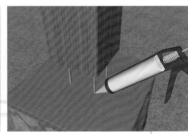

（h）立柱底部钻孔

采用电钻在防腐木立柱底部钻 4 个孔，孔的规格为 ϕ25 mm、深 350 mm，孔的间距与预埋钢管一致

（i）插入立柱

将立柱对接至预埋钢管上，加免钉胶强化固定

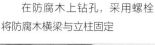
在防腐木上钻孔，采用螺栓将防腐木横梁与立柱固定

立柱基础外围采用双头钉固定防腐木块

采用双头钉固定防腐木横梁上的格架

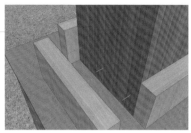

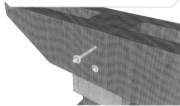

（j）固定立柱

（k）安装横梁

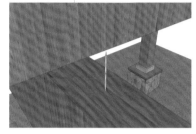

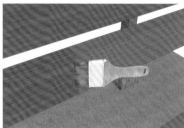

在防腐木构造上涂刷木蜡油2～3遍

（l）安装格架

（m）涂刷木蜡油

四立柱棚架施工

两立柱棚架

两立柱棚架占地面积较小，为了提升稳固性，可在立柱之间设计连接构造，比如围合状的坐凳，用于加强两个立柱之间的平稳性。

在庭院地面制作钢筋混凝土基础，基础与地面圆弧形砌筑坐凳连为一体。立柱基础与坐凳固定，立柱与横梁之间采用金属五金件连接后，再搁置格架

两立柱棚架

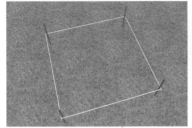

（a）地面放线定位

测量施工区域尺寸，在区域边角钉入钢筋，在钢筋上绑绕尼龙线，标识施工区域

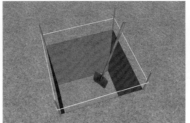

（b）开挖基坑

开挖基坑，深度为 800 mm 左右，可先采用挖掘机施工，再用铁锹整平坑底与坑壁

（c）编制地基钢架

采用 ϕ10 ～ ϕ14 mm 钢筋编制成钢筋网架，网格间距为 200 mm，用细铁丝绑扎钢筋

（d）搭建混凝土模板

基坑底部铺设粒径 30 mm 的碎石，碎石层厚 100 mm，在钢筋网架周边围合模板，模板高度与地面齐平

（e）浇筑混凝土

在模板中浇筑 C25 混凝土，浇筑层高度与地面齐平，混凝土浇筑整体深度为 700 mm

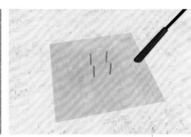

（f）预埋钢管

采用振捣棒对浇筑的混凝土进行振动，捣出气泡，并在其中预埋 4 根 ϕ20 mm、长 800 mm 的钢管，埋入 500 mm，外露 300 mm

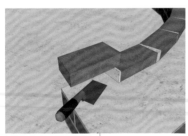

（g）砌筑圆弧形坐凳

采用 1：2 水泥砂浆与轻质砖砌筑坐凳

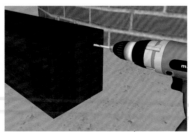

（h）立柱底部钻孔

采用电钻在防腐木立柱底部钻 4 个孔，孔的规格为 ϕ25 mm、深 350 mm。孔的间距与预埋钢管一致

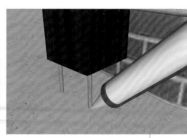

（i）插入立柱

将立柱对接至预埋钢管上，加免钉胶强化固定

（j）固定立柱底部

立柱底部固定牢固，贴着砌筑的圆弧形坐凳构造保持绝对垂直，采用水平尺与激光水平仪校正

（k）立柱侧部固定

在防腐木上钻孔，采用膨胀螺栓将防腐木立柱与圆弧形坐凳构造固定

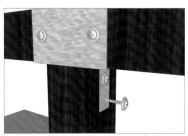

（l）安装横梁

采用不锈钢钢板连接件，搭配螺栓将立柱与横梁格架固定

（m）安装格架

采用自攻螺钉将格架安装至横梁上

（n）棚架涂刷木蜡油与饰面漆

在防腐木构造上涂刷木蜡油2～3遍。待干燥后涂刷深色饰面漆2～3遍

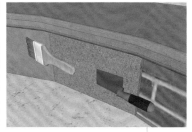

（o）圆弧形坐凳刮腻子并涂刷饰面漆

采用1：2水泥砂浆找平圆弧形坐凳，刮涂外墙腻子并涂刷氟碳漆两遍

在完成的构造基础底面铺设砂石装饰

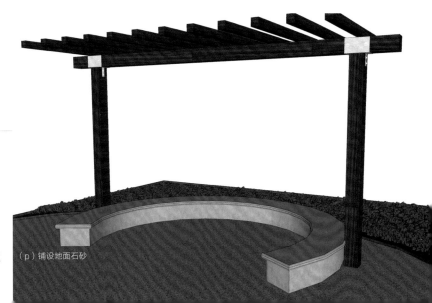

两立柱棚架施工　　（p）铺设地面石砂

5.5　木栈道

　　木栈道在庭院中是一项十分精致的构造，它能给人以视觉上的连续性，并保证观景的安全性。木栈道主要是指木平台和木板路两种构造。

采用防腐木板铺装庭院道路，能在泥土路面建构出平整的行走界面，两条道路交互时可设计高低落差，对主次道路进行区分

木板路

木平台

木平台是指在水岸交际的区域搭建一处平整的地面，采用防腐木建构出供人休闲活动的平整界面。它有效利用了水岸交际区域不平整的空余面积，扩大了庭院的使用范围

5.5.1　木栈道设计

1. 木栈道功能

　　木栈道的使用功能很全面，是集通行、装饰、观赏于一体的庭院构造。

　　（1）高差过渡。两个不同高度之间的连接，通过数级木质平台空间来达成会比一长串的台阶效果更好。木板路常用在地表条件生态敏感处，比如湿地或陡坡或不同高差需要坡道来连接的过渡地带。

　　（2）室内空间延续。通常将室内空间的用途带到室外，当气候适宜时，大部分室内功能在室外也适用。平台通常可以用来娱乐、餐饮、休闲等。

　　（3）远眺平台。在高处建造平台能为人提供一处眺望远景的地方，可以给人带来开阔的视野。

高差过渡

从室外空间进入室内空间，向上一个台阶的高度可以提示区域的界定，此处防腐木边角处理应当紧密细致

建筑外墙周边地面铺装砖石，水面以上区域铺装木栈道。砖石与防腐木交接处平整无缝，表现室内空间的延续

室内空间延续

远眺平台

木栈道在庭院中不断延伸，直至小河边终止。在终止点制作远眺平台，为休闲与观景提供停留空间

❷ 木栈道构成

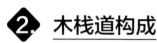

木栈道的构成比较复杂，主要包括平台面、梁、柱子、基座，在设计时不能有任何遗漏。

（1）平台面：由托梁或梁支撑，是用于行走的表面板材。板材通常平铺，单块甲板厚度通常应超过 30 mm，厚度达 50 mm 为佳。由于板材会变形，因此板材宽度不应超过 150 mm，板材间的缝隙不应超过 10 mm。安装时应该将有树纹的一面朝上，避免向上弯曲以及随之而来的排水困难。

（2）梁：支撑托梁和板材的质量，能将质量传递到柱子或其他基础上。梁上还会设置托梁，托梁由梁、横木或金属配件支撑。

（3）柱子：可将板材结构的整个质量传递到基础上。当梁可以直接落在基础上时则不需要柱子。为了防止雨水渗入，柱子暴露的上端应当切成斜角、加顶或覆盖，在柱子底部应增加基座，防止水分渗入。

（4）基座：将平台和板材固定在地面上，支撑其质量与预期的运动荷载。在寒带和温带气候中，基座必须延伸至当地冻土线以下。膨胀黏土、不稳定的有机土和深填方要求有墩、梁基础，并且为了应对可能发生的土壤侵蚀情况，要对基座做出保护。

在防腐木板材表面涂刷红色防锈漆，能有效防止螺钉头端生锈。防锈漆主要为深红色，与植物绿化形成色彩对比

在防腐木板中镶嵌灯具，需要用电钻开孔，获得规整的圆形。嵌入灯具后可使灯具外罩高于木质板材表面，形成凸出形态，有助于提示行人不要刻意踩压

涂刷防锈漆

镶嵌灯具

刮平钉孔

把建筑外墙腻子调配成与木纹同色，将螺钉孔刮平，表面看不出钉子，同时也能防锈

当基座在土石方中时，在地面钻孔后，再置入钢筋网架与混凝土，将防腐木立柱预埋在钢筋混凝土基础中，由此在立柱上继续安装梁与平台面

水中基座

土石方中基座

当基座在水中时，应先预制钢筋混凝土基座，将其置入水中后，再将木栈道立柱安装在混凝土基座上

③ 木栈道材料

木栈道材料主要包括木材和五金件。

（1）木材：天然木栈道独具的质感、色调、弹性，可令步行更为舒适。除了前文介绍的樟子松、菠萝格等防腐木，还可以选用贾拉木等高档防腐木。贾拉木在一般条件下不需要使用防腐剂，但是造价较高。安装完成后应涂刷木蜡油用于保护木质纤维，使用时必须注意木材特有的开裂、反翘、弯曲现象。为了防止地面铺装后木板出现膨胀问题，垫板透缝设定应为 5 mm。地板的基础底层应做出一定的坡度，防止雨水滞留。地面不应封闭，应能够进行换气，以防止地板受潮膨胀。

（2）五金件：木结构通常由各种五金件固定在一起，比如螺钉、角钢等。选用不锈钢固定件能避免暴露在外的部分生锈。

木蜡油与油性着色剂混合后能形成多种木纹色彩，中浅色木材颜色加深，看起来更加稳重

贾拉木

涂刷木蜡油

木蜡油调色

贾拉木来自主产于澳大利亚西南部的赤桉，颜色发红，其防虫能力较好，适用于高档庭院局部地面的铺装

木蜡油能够渗透到木材内部，蜡与木材纤维牢固结合，可阻止液体渗入木材里。由于没有漆膜，故能减少木材胀缩对漆膜性能的影响，不爆裂、不起翘、不脱落，提高防腐木的稳定性

不锈钢螺钉主要用于连接平台面域梁。在平台面板材上钻孔，再用不锈钢螺钉穿孔固定至梁上

不锈钢螺钉

不锈钢角钢

将不锈钢角钢切割为长40～80mm的小段，在两面上钻孔，即可通过孔洞钻入螺钉或膨胀螺栓。主要用于连接梁、柱、基础

木材平面拼接整齐，缝隙均衡，螺钉固定部位间距保持一致

木材平面拼接

木材台阶构造

铺装楼梯台阶时，应保持每级台阶的木材位置严格对齐，缝隙宽度要保持一致

当板料尺寸与实际铺装尺寸有误差时，可将木材裁切成窄条拼接在中央部位

5.5.2　木栈道施工

　　木栈道构造较为单一，施工重点在于基础要稳固，在小庭院土石方地面上铺装木栈道需要夯实地基。下面介绍两款木栈道的施工方法。

木栈道

　　铺装在庭院土石方地面上的木栈道需要预先整平地面，求得地面高差的平整。

　　清除地面较大碎石与绿植根基，刨除表面土层并找平，夯实后铺设碎石与混凝土，采用膨胀螺栓与角钢固定梁构架，在梁基础上铺装木板

木栈道道路

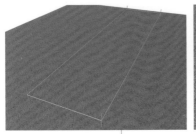

（a）地面放线定位

测量施工区域尺寸，在区域边角钉入钢筋，在钢筋上绑绕尼龙线，标识施工区域

（b）清除地面杂物

用耙子清除地面杂物，刨除植被与砂石

（c）开挖表面土层

开挖地面土层，深度为 200 mm 左右，可先采用挖掘机施工，再用铁锹整平坑底与坑壁

（d）夯实基坑

采用打夯机对基坑底部进行整平夯实

（e）铺设碎石层

铺设粒径 30 mm 的碎石，厚 100 mm

（f）铺设混凝土层

浇筑 C25 混凝土，厚 100 mm。碎石与混凝土的整体铺设厚度为 200 mm

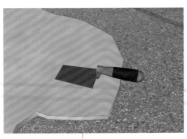

（g）混凝土表面找平

采用 1：2 水泥砂浆找平地面

（h）安装基础梁

采用膨胀螺栓将 120 mm 槽型不锈钢固定在地面上，形成基础梁

（i）安装表面板材

采用自攻螺钉将厚 30 mm 的防腐木板固定在基础梁的表面

采用自攻螺钉将厚20 mm 的防腐木板固定在基础梁侧面

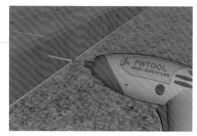

（j）安装侧板

木栈道道路施工

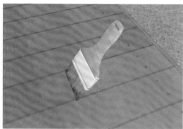

（k）涂刷木蜡油

在防腐木构造上涂刷木蜡油 2～3 遍

木栈道亲水平台

木栈道亲水平台是中高端庭院常见的构造，将土坡驳岸与水景结合在一起。施工时要从水中入手，做好基础再向岸上拓展。

（a）水下基础

（b）平台全貌

（c）台阶

（d）水上平台

预制水下基础立柱，将水塘中的水排干或隔离，将混凝土立柱置入水下基坑后，夯实周边土石方。再以此立柱为基础构建平台，并向岸上延伸

（e）台阶局部

木栈道亲水平台

（a）水塘施工区域排水

采用水泵将水塘中的水排出，露出施工区域并保持干燥

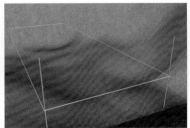

（b）放线定位

测量施工区域尺寸，在区域边角钉入钢筋，在钢筋上绑绕尼龙线，标识施工区域

（c）开挖基坑并夯实坑底

开挖基坑，基坑深度在800 mm左右，可先采用挖掘机施工，再用铁锹整平坑底与坑壁

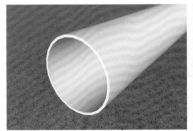

（d）裁切PVC管模具

采用 φ320 mm 的 PVC管作为模具，将其裁切为长度1600～1800 mm 的段状，具体长度根据池塘水线高度来确定

（e）编制钢筋

将PVC管垂直置于空地上，采用 φ10～φ14 mm 的钢筋编制成钢筋网架，网格间距为200 mm，用细铁丝绑扎钢筋

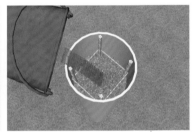

（f）浇筑混凝土

在 PVC 管中浇筑 C25 混凝土，分多次浇筑振捣，晾干养护

对基坑底部进行夯实后，铺设粒径 30 mm 的碎石，厚 100 mm

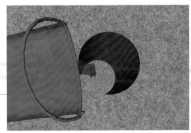

（g）铺设碎石

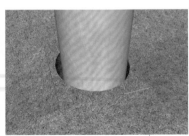

（h）插入预制钢筋混凝土立柱

将制作完成的混凝土立柱脱模后，插入坑基中

（i）再次测量定位

对最终形成的立柱网进行反复多次测量，确保立柱间距符合设计要求

（j）夯实周边土石方

在立柱周边缝隙填塞土石，采用打夯机夯实

（k）清理岸上表面杂物与土层

用耙子清除地面杂物，刨除植被与砂石

（l）立柱柱点开挖基坑

开挖基坑，基坑边长为300 mm，深度为400 mm左右。可先采用挖掘机施工，再用铁锹整平坑底与坑壁

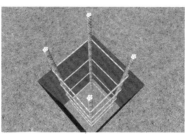

（m）编制钢筋

采用 $\phi 10 \sim \phi 14$ mm 的钢筋编制成钢筋网架，网格间距为200 mm，用细铁丝绑扎钢筋

（n）铺设碎石并浇筑混凝土

将基坑底部夯实后，铺设粒径30 mm的碎石，形成厚50 mm的碎石层。在钢筋网架周边围合模板，模板高度高于地面200 mm。浇筑C25混凝土至模板顶部，振捣，晾干养护

采用打夯机夯实混凝土立柱周边的地面

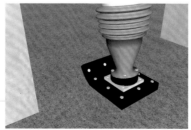

（o）岸上地面夯实

（p）铺设碎石层

地面铺设粒径30 mm的碎石，形成厚50 mm的碎石层

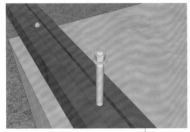

（q）安装基础梁

採用膨胀螺栓将120 mm 槽型不锈钢固定在混凝土立柱上，形成基础梁

（r）安装栏板立柱

对防腐木立柱基础端头进行裁切加工，钻孔，采用螺栓将立柱固定至槽型不锈钢上

（s）安装表面板材

采用自攻螺钉将厚30 mm 的防腐木板固定在基础梁的上表面

（t）安装台阶板材

木栈道亲水平台施工

采用自攻螺钉将厚30 mm 的防腐木板固定在倾斜梁上

（u）安装栏板

采用双头钉安装立柱上的栏板

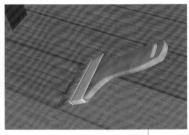

（v）涂刷木蜡油

在防腐木构造上涂刷木蜡油2～3遍

庭院设施是指景观中为了满足某些功能需要而设立的建造物，包括饮用水器、户外家具、指示牌、健身器材等，所有这些设施都要被安装到事先埋设的坚固基础上。

5.6.1 饮用水器

饮用水器是满足人的生活要求的供水设施，同时也是庭院的重要组成部分。饮用水器种类按水龙头位置划分，可以分为顶置型和旁置型。顶置型是指水龙头在饮用水器主体顶部，水流向上如喷泉一般。旁置型是指水龙头在饮用水器主体侧面，拧动水龙头出水。饮用水器按照制作材料分类又可以分为混凝土、石材、陶瓷、不锈钢、铁、铝等多种。

一般饮用水器的高度宜在 800 mm 左右，供儿童使用的饮用水器高度宜在 650 mm 左右，并安装在高 100 ～ 200 mm 的台基上，结构和高度还应该考虑轮椅使用者的便利性。饮用水器可以在庭院灌溉供水的基础上修建。

（a）地面取水

自来水管延伸至庭院中的设计部位，向上延伸至安装立柱的构造中。通过感应水龙头取水，当人体接近水龙头感应器时即可出水。主要用于直接饮用或清洁灌溉

（c）饮用结合

采用人造石制作外壳，兼容直饮水与自来水，台上手动开关水龙头为直饮水，台下感应开关水龙头为自来水

（b）双台直饮
饮用水器

成品直饮水器为购置产品，在庭院中预制给水管与电源即可安装。双台高度能同时满足成年人、儿童、残疾人使用，外观材料为不锈钢，容易清洁

5.6.2　户外家具

户外家具指用于室外或半室外的家具，它是决定建筑室外空间功能的基础和表现室外空间形式的重要元素。

户外家具的种类

户外家具主要分为三大类：

（1）永久固定家具，比如实木桌椅、铁木桌椅等。这类家具需要选用优质木材，其具有良好的防腐性，质量也比较重，可以长期放置在庭院中。

（2）可移动家具，比如西藤台椅、特斯林椅、可折叠木桌椅和太阳伞等，用的时候放到户外，不用的时候可以收纳起来放在房间里。这类家具舒适实用，不用考虑坚固和防腐性能，还可以根据个人喜好加入布艺等饰品作为点缀。

（3）可携带家具，比如小餐桌、餐椅和阳伞等。这类家具一般由铝合金或帆布做成，质量轻，便于携带，最好还能配备一些烧烤炉架、帐篷等户外装备，能为庭院生活增添不少乐趣。

永久固定家具

可移动家具

永久固定家具采用金属与防腐木制作，多用于固定坐具。坐具上的抱枕可随时收起，避免被雨水打湿

可移动家具多为轻质座椅，可以根据庭院活动方式变更所在位置，甚至可以搬移至室内或屋檐下避雨

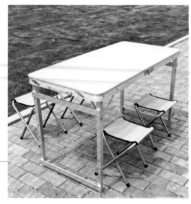

可以携带的轻质折叠桌椅，能轻松提起并收纳，多为铝合金材料

可携带家具

永久固定家具：烧烤餐厅吧台　　　　　可移动家具：沙发　　　可携带家具：折叠桌椅

庭院家具组合

在功能齐备的庭院中放置多种家具，能提升庭院的使用效率。当家具品种较多时，应当设计顶面遮挡构造，避免日晒雨淋

庭院座椅是户外家具的重要组成部分，是人们在庭院休闲生活的必要设施，同时也是重要的装点景观。应该结合环境规划来考虑座椅的造型和色彩，力争简洁实用。座椅的材料多为木材、石材、混凝土、陶瓷、金属、塑料等，应该优先选用触感较好的材料。针对木质座椅还要做防腐处理。

不锈钢吧台椅与流水玻璃桌表现出十足的现代感，耐腐蚀性能较好，适合在庭院区域固定摆放

沙发椅围合后在视觉上能形成较强的交流空间，适用于长时间休闲、会谈活动，沙发座、靠垫均可拆除搬移至室内存放

沙发椅

吧台椅

庭院木质家具选择

　　挑选庭院家具很有讲究，首先是材质，木材是首选材质，一般要选择油脂厚的木材，比如杉木、松木、柚木等，并且一定要做防腐处理；其次是制作工艺，由于长期暴露在外，难免会发生变形，如果制作工艺不佳，家具就很可能因为榫接不牢而散架。

　　庭院家具材质的选择与庭院风格有关。木质家具适合现代、简约风格的庭院环境，一般以直线造型为主，一些夸张的造型也比较时尚。通过细腻的线条可营造出平静自然的生活氛围，让紧张的身心得到放松，让繁杂的生活多一分浪漫。

防腐木固定家具

采用防腐木制作的固定坐凳与周边花池融为一体，形成统一的材质与色彩效果。防腐木需要定期涂刷木蜡油，维持自身的油脂含量才能防腐

防腐木可移动家具能根据需要移动位置，不用时可放置在屋檐下避免日晒，以延长使用寿命

防腐木可移动家具

垃圾容器

垃圾容器是庭院家具的一部分，一般设置在道路两侧或庭院出入口附近，外观色彩和标识应符合垃圾分类收集的要求。普通垃圾箱的规格为高 600 ~ 800 mm、宽 500 ~ 600 mm。垃圾容器应选择兼备美观性和功能性，并与周围景观相协调的产品，要求坚固耐用、不易倾倒。一般可采用彩色涂层镀锌钢板、不锈钢、木材制作。

（a）钢木结合
垃圾容器

（b）彩色涂层钢板

（c）不锈钢

防腐木与彩色涂层钢材结合具有古典风格，适用于大多数庭院

圆形彩色涂层钢板垃圾桶容积小，适用于小庭院

不锈钢垃圾桶分类明确，适用于有烧烤等餐饮需求的庭院

5.6.3 健身器材

庭院内可以根据需要适当布置户外健身器材，常见的健身器材主要有漫步机、健腰器、仰卧起坐器、肩背按摩器、天梯等。在布置健身器材时要注意分区，可布置在庭院的边侧，但要保证良好的日照和通风。休息区也可以布置在运动区周围，供人们存放物品。健身器材周边可以种植遮阳乔木，并设置少量座椅或饮用水器。健身区地面宜选用平整、防滑、适于运动的铺装材料，同时满足易清洗、耐磨、耐腐蚀的要求。室外健身器材应考虑老年人的使用特点，要做防跌倒设计。

庭院内只需摆设一两件健身器材即可，不要浪费很大的绿化空间来摆放健身器材。钢结构的健身器材体量较大，厂商均负责上门安装，订购后一定要认真阅读说明书，听从厂商的指导建议。雨雪天气应覆盖遮雨罩，避免健身器材生锈。

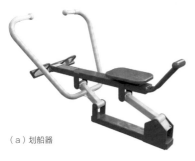

（a）划船器

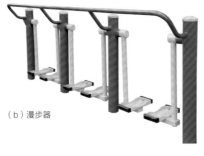

（b）漫步器

（c）肢体练习器

康乐健身器

用于公共空间的康乐健身器也可以放置在庭院，可选择适合自己的器材进行安装。主要采用膨胀螺栓将健身器固定在混凝土地面上。康乐健身器需要定期维护保养，更换活动件轴承并涂抹润滑油，必要时还要涂刷修补表面的涂料

组合滑梯占地面积约 20 m²，需要根据庭院实际面积来选用

组合滑梯

乒乓球台

乒乓球台占地面积约 10 m²，要求四周有较高围墙，能减少风力影响

台球桌

高尔夫球场

庭院中的小型高尔夫球场对场地面积没有具体要求，一般不低于 30 m²。如果要增加多种模拟地形，就需设计地面坡度与起伏造型

台球桌占地面积约 15 m²，要求地面平整，顶部有实体构造遮挡

5.6.4 家具设施安装施工

　　庭院家具设施品种多样，常规家具设施的安装多用膨胀螺栓将成品构造固定到地面、墙面等砌筑或混凝土界面上，只要安装牢固即可正常使用。下面介绍两套组合家具设施的安装方法。

 木质坐凳

　　以花坛为基础，制作防腐木坐凳，基础构造的材料为型钢，安装后稳固结实。施工时要注意坐凳的长度，一般不超过2400 mm，满足4人并坐的尺寸，避免载重过大导致基础型钢变形。

> 根据坐凳的设计要求砌筑花台，在砌筑过程中搁置方钢，花台砌筑完成后完成饰面涂装再进行坐凳安装。在方钢的基础上焊接较小规格的方钢，钉接防腐木板，并涂刷木蜡油

木质坐凳

> 测量施工区域尺寸，在区域边角钉入钢筋，在钢筋上绑绕尼龙线，标识施工区域

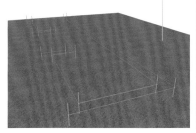

（a）地面放线定位

（b）挖沟

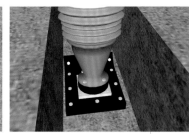

（c）夯实坑底

> 坑沟底部铺设粒径为30 mm的碎石，形成厚50 mm的碎石层

> 开挖地面坑沟，深度与宽度均为200 mm左右，用铁锹整平坑底与坑壁

> 采用打夯机对坑沟底部进行夯实

（d）铺设碎石层

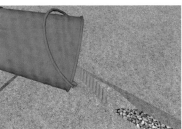

（e）铺设混凝土

（f）砌筑花台

> 在碎石层上铺设C25混凝土，厚100 mm，振捣养护待干，基础铺装层整体厚150 mm左右

> 采用1∶2水泥砂浆与轻质砖砌筑花台

（g）预埋槽钢

（h）花台抹灰涂饰

（i）焊接小方钢

在内凹墙面上，使用切割机开出洞口，规格为 130 mm×70 mm，将两根 120 mm 的槽钢插入其中，间距为 400 mm，形成坐凳支撑梁

采用 1：2 水泥砂浆对砌筑花台抹灰找平，滚涂氟碳漆 3 遍

在槽钢坐凳支撑梁上焊接 80 mm×40 mm 方管钢，间距为 400 mm。在整体钢结构涂刷防锈漆两遍与饰面漆两遍

采用自攻螺钉将厚 30 mm 的防腐木板固定在倾斜梁上

（j）铺装防腐木
木质坐凳施工

（k）涂刷木蜡油

在防腐木构造上涂刷木蜡油 2～3 遍

 烧烤炉

烧烤炉一般位于庭院角落，采用耐火砖砌筑，分为上下两层，下层为燃烧间，上层为烧烤间。在砌筑基础构造的同时，要嵌入成品金属门板，并安装温度表与烟囱。

在墙角处砌筑台基，靠墙部位需要砌筑耐火砖，顶部为拱形造型，同时要嵌入安装成品件。砌筑时必须保持砖体缝隙宽度一致，呈现出美观统一的视觉效果

烧烤炉

（a）墙面、地面放线定位

测量施工区域尺寸，采用水平尺与激光水平仪在墙面与地面标识出施工区域

（b）刨除原墙面抹灰层

刨除原墙面抹灰层，获得平整、干净的施工基础界面。可对砖墙表面凿毛，形成具有附着力的施工界面

（c）砌筑台基

采用 1：2 水泥砂浆与耐火保温砖砌筑烧烤炉台基

（d）砌筑墙面隔热层

采用 1：2 水泥砂浆与耐火保温砖砌筑烧烤炉靠墙构造，并修饰圆拱造型

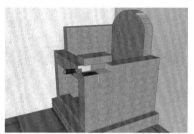
（e）砌筑下部炉体

继续砌筑下部炉体构造，炉口上檐搁置 C20 预制混凝土横梁或 80 mm 的槽钢

（f）嵌入下部门板

将定制不锈钢门板嵌入炉口处，采用 1：1 水泥砂浆黏结，搭配膨胀螺栓固定

（g）砌筑腰线分隔构造

继续砌筑炉体的腰线分隔构造，耐火砖向外凸出 40 mm，形成檐口造型

（h）置入金属格栅

在上下炉体之间放置不锈钢金属格栅，网孔间距 20 ~ 30 mm

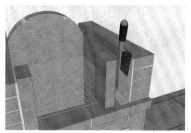
（i）砌筑上部炉体

砌筑上部炉体构造，砌筑的砖体压制住金属格栅

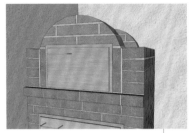

（j）嵌入上部门板

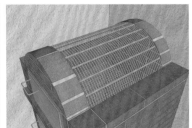

（k）搭建圆拱支撑骨架构造

（l）砌筑圆拱炉顶

将定制不锈钢门板嵌入炉口处，采用 1∶1水泥砂浆黏结，搭配膨胀螺栓固定，在上部继续砌筑炉顶的圆拱造型

在炉顶的圆拱造型中钻孔并插入 φ14 mm 钢筋，铺装不锈钢金属格栅，形成圆拱支撑骨架构造

继续砌筑炉体顶部的圆拱构造

（m）温度表钻孔

（n）插入温度表

（o）砌筑烟囱基座

使用电锤在炉顶钻孔，孔径为 14 mm

将成品温度表插入孔中，采用1∶1水泥砂浆黏结密实

在炉顶的圆拱造型顶部砌筑烟囱基座

在烟囱基座上插入 φ90 mm 的不锈钢管，采用1∶1水泥砂浆黏结密实

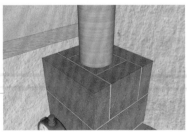

（p）插入烟囱

烧烤炉施工

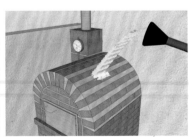

（q）整体湿水养护

烧烤炉砌筑完成后，整体湿水养护 7 天以上

6 庭院施工案例解析

庭院设计

▲ 庭院中的基础工程以地面为主，山石、台阶、铺装、绿植等元素都位于地面。设计中要多从地面造型上着手，发挥创意，丰富庭院审美元素

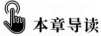 **本章导读**

　　庭院构成元素内容繁多，如果希望组合后达到完美效果，就需要用心搭配。庭院各种构成元素要精准把控设计风格，让所有构造物都融合至同一风格中，形成浑然一体、整齐划一的秩序美。

6.1　163 m² 现代风格庭院

　　现代风格是庭院中最常见的设计风格，能搭配的建筑构造非常丰富，在设计过程中对地面进行合理有序的规划，即可达到大众都能接受的审美效果。这套庭院设计案例对地面铺装进行了细致分区，每个片区都具有独立的主题，形成相互融合的空间造型（设计师：李若溪）。

> 　　鸟瞰图中包含了住宅建筑，将庭院的形体关系衬托得恰到好处。地面铺装材料丰富，彼此间相互分隔，形成多样肌理质感的对比效果

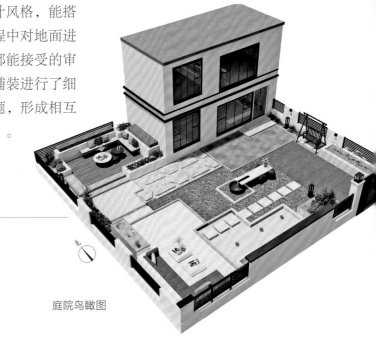

庭院鸟瞰图

> 　　庭院占地面积较大，外形轮廓较规整，功能区划分需要缜密思考，合理设计庭院大门与室内入户门之间的区域

> 　　经过精细设计，将庭院地面分解为多个铺装区域，让静态休闲与动态行走完美分离，主要交通动线与分支动线在庭院内反复穿插，形成严谨的区域界限

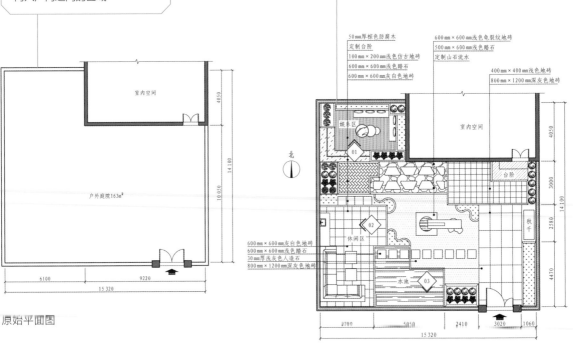

原始平面图

平面布置图

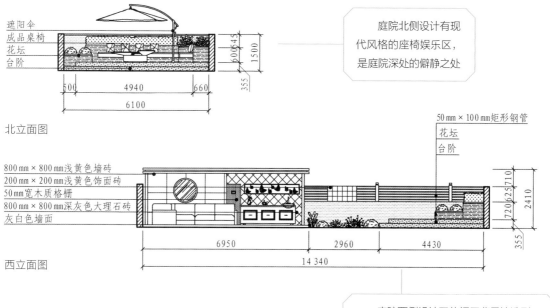

北立面图

遮阳伞
成品桌椅
花坛
台阶

600 545
1500
355
500 4940 660
6100

庭院北侧设计有现代风格的座椅娱乐区，是庭院深处的僻静之处

50 mm × 100 mm矩形钢管
花坛
台阶

800 mm × 800 mm浅黄色墙砖
200 mm × 200 mm浅黄色饰面砖
50 mm宽木质格栅
800 mm × 800 mm深灰色大理石砖
灰白色墙面

西立面图

6950 2960 4430
14 340
720 625 710
2410
355

庭院西侧设计了休闲区背景墙造型，主要采用轻质墙砖与大理石铺装造型，透过围栏能看到庭院外部

庭院南侧，中央有景墙分隔，形成休闲区与大门两片区域。设计有壁泉水池景观构造，搭建有凉亭，造型简洁

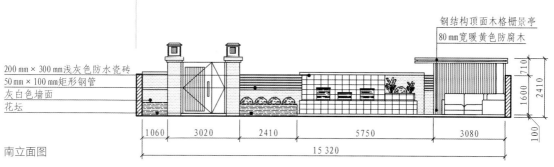

钢结构顶面木格栅景亭
80 mm宽暖黄色防腐木

200 mm × 300 mm浅灰色防水瓷砖
50 mm × 100 mm矩形钢管
灰白色墙面
花坛

南立面图

1060 3020 2410 5750 3080
15 320
710
1600
2410
100

从高空俯视，庭院布局一览无余，地面铺装构造在光线的投射下清晰明了，给庭院布置带来丰富的层次感

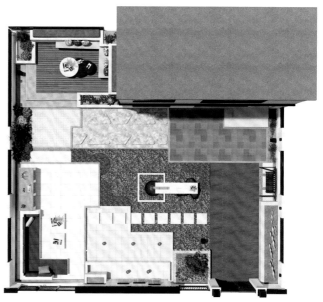

俯视效果图

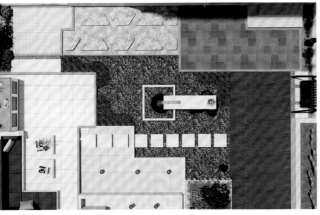

区域垂直鸟瞰效果图 1

区域垂直鸟瞰效果图 2

区域效果图 1

区域效果图 2

区域效果图 3

区域效果图 4

区域效果图 5

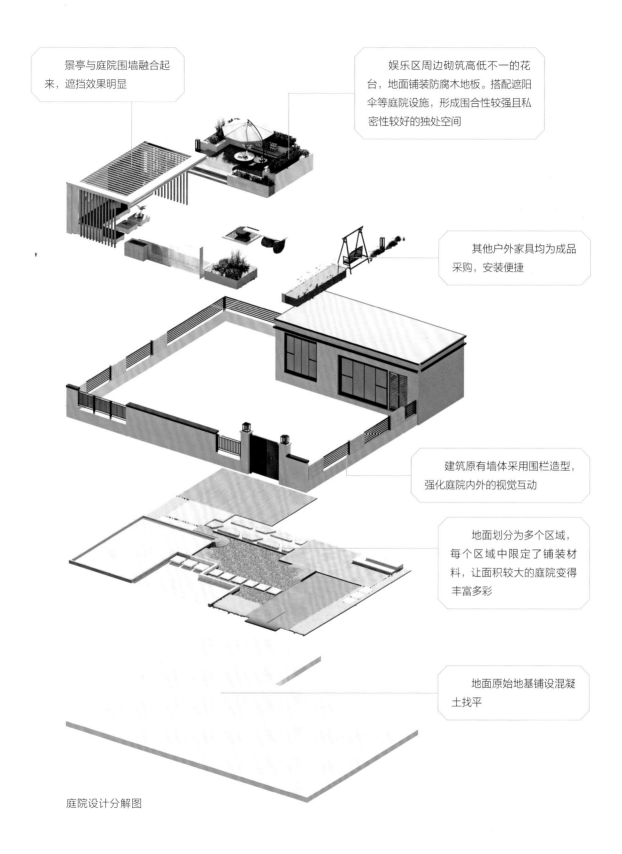

景亭与庭院围墙融合起来，遮挡效果明显

娱乐区周边砌筑高低不一的花台，地面铺装防腐木地板。搭配遮阳伞等庭院设施，形成围合性较强且私密性较好的独处空间

其他户外家具均为成品采购，安装便捷

建筑原有墙体采用围栏造型，强化庭院内外的视觉互动

地面划分为多个区域，每个区域中限定了铺装材料，让面积较大的庭院变得丰富多彩

地面原始地基铺设混凝土找平

庭院设计分解图

6.2 194 m² 新中式风格庭院

新中式风格是当前庭院设计中比较流行的设计风格，适用于面积较大的庭院，对庭院区域进行多样划分，利用隔墙、山石、水景等构造综合布置。庭院中的地面铺装是体现此风格的重点，大量运用中式古典图案的砖石铺装，表现出稳重、古典的视觉效果（设计师：常华溢）。

庭院鸟瞰图

效果图中表现出地面铺装造型的特征，将中式传统元素进行抽象融合，重新运用到庭院砖石审美造型中。将绿植、碎石、砖石等地面材料有机组合起来

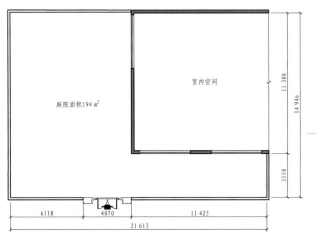

室内空间

庭院面积194 m²

11 388
14 946
3558

6118   4070   11 425

21 613

原始平面图

庭院占地面积较大，半环绕在建筑外围，方便对功能区进行划分。合理设计庭院大门东侧空间，可以赋予其多种使用功能

经过精细设计，将庭院区域划分为西侧与东侧两大体块。东侧布置功能齐备，有开阔的草坪与山石铺装，造型丰富；西侧布置餐桌椅与农耕菜地，让庭院功能得到无限扩展

阶梯步石
新中式地砖
草坪
枯山水造景

山石造景
定制地砖
定制路石
新中式廊亭

果蔬种植台
定制隔断
烧烤台
花台
进户门地砖
深灰瓜米石
灰岩鱼池
竹栽

室内空间

02
03
01

11 388
14 946
3558

1280 4838 4070 4090 3210 3875
250
21 013

平面布置图

庭院北侧设计有新中式风格的大门与装饰景墙。靠墙布置橱柜，满足室外烹饪需求

灰岩鱼池
跌水幕墙
定制墙砖
钢架玻璃棚
定制隔断
果蔬种植台

1459 1408
3437
570

3875   3210   4090   4070   4838   1280
250
21 613

北立面图

此立面图为进入庭院大门后向南看去的视角，表现出装饰墙体造型与休闲廊亭

果蔬种植台
防腐木平台
钢架玻璃棚
栅栏隔断
灰岩鱼池
竹栽

345
2833   3178

4414   5780   7150   4269
21 613

南立面图

庭院东侧设计有新中式廊亭与跌水幕墙，采用极简的造型手法表现新中式风格特色

枯山水造景
新中式廊亭
灰岩鱼池
跌水幕墙

1149
2029   3178

1937   4485   8380
395
15 197

东立面图

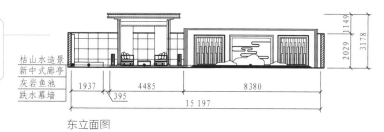

区域鸟瞰效果图1

区域鸟瞰效果图 2

区域鸟瞰效果图 3

区域效果图 1

从区域鸟瞰效果图来看，此设计方案对庭院布局造型细节表现深入，地面铺装带有拼花纹理的砖石材料，具有较强的视觉审美特征与风格要素，搭配水池、山石、花台、景墙等构造，将平整开阔的庭院设计成多个区域

区域效果图 2

区域效果图 3

区域效果图 4

局部区域设计大量运用成品构造，采用直接安装的方式将构造安装在庭院不同的部位。新中式构造成品件较多，可选择余地大。在营造场景氛围时，要避免出现功能重复的设计区域。墙面砖石的铺装及接缝处理应具有创造性，让拼接造型多样化

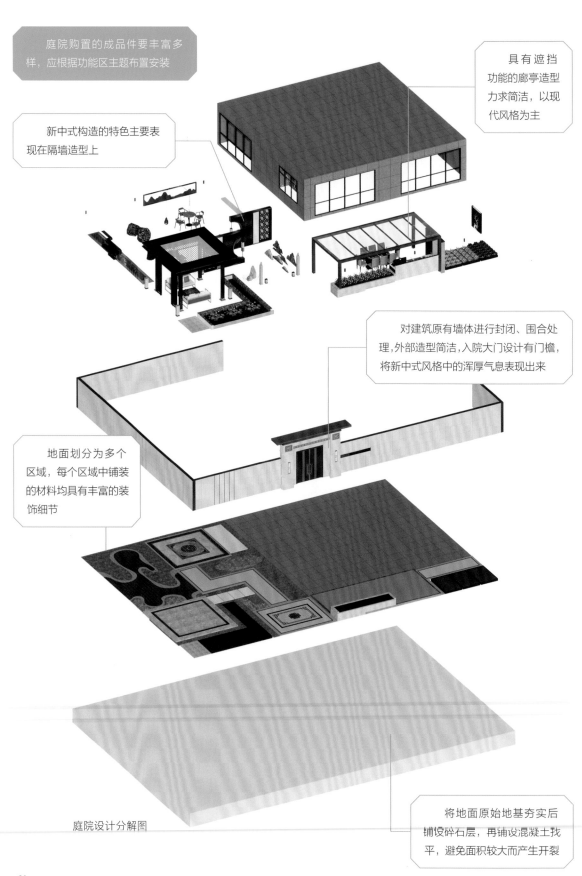

庭院购置的成品件要丰富多样，应根据功能区主题布置安装

具有遮挡功能的廊亭造型力求简洁，以现代风格为主

新中式构造的特色主要表现在隔墙造型上

对建筑原有墙体进行封闭、围合处理，外部造型简洁，入院大门设计有门槛，将新中式风格中的浑厚气息表现出来

地面划分为多个区域，每个区域中铺装的材料均具有丰富的装饰细节

将地面原始地基夯实后铺设碎石层，再铺设混凝土找平，避免面积较大而产生开裂

庭院设计分解图

6.3　32 m² 日式风格庭院

　　日式风格庭院会大量运用造型简洁的构造，去除多余的修饰，给庭院注入意境，让人感受到材料与构造表达的含义。尤其是枯山水中的白色瓜米石，是海浪、沙滩的象征，山石寓意着岛屿，真水景与枯山水相融合，形成丰富的视觉层次（设计师：王晓艳）。

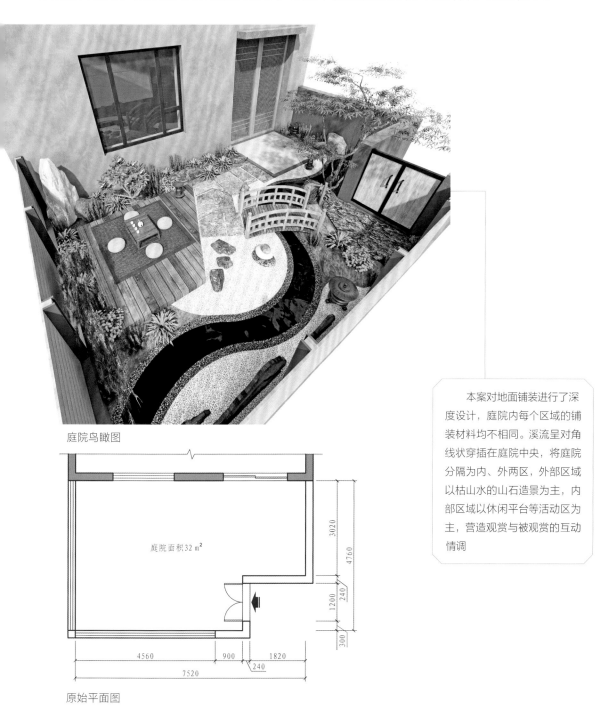

庭院鸟瞰图

　　本案对地面铺装进行了深度设计，庭院内每个区域的铺装材料均不相同。溪流呈对角线状穿插在庭院中央，将庭院分隔为内、外两区，外部区域以枯山水的山石造景为主，内部区域以休闲平台等活动区为主，营造观赏与被观赏的互动情调

庭院面积32 m²

原始平面图

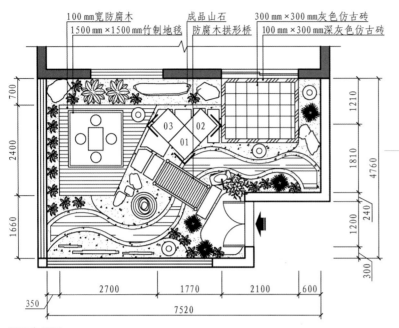

100 mm宽防腐木
1500 mm×1500 mm竹制地毯
成品山石
防腐木拱形桥
300 mm×300 mm灰色仿古砖
100 mm×300 mm深灰色仿古砖

北

平面布置图

平面布局从庭院东南侧大门开始推移，进入庭院后，面对横向的溪流，设计木质桥梁通行至庭院内区，到达休闲区，再经地面铺装石材引导至入户大门前的平台。庭院虽小，但地面铺装平台面积开阔，在庭院中的任何活动区都可长时间停留

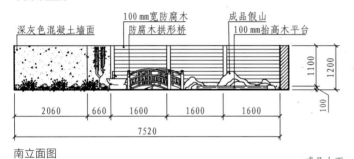

深灰色混凝土墙面
100 mm宽防腐木
防腐木拱形桥
成品假山
100 mm抬高木平台

南立面图

庭院南侧主要设计有木质围合栏板，在栏板内侧布置成品假山。桥梁跨过溪流通达庭院内区

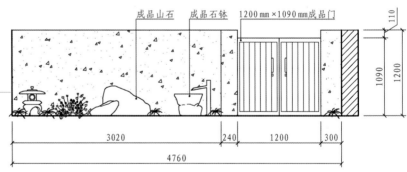

庭院东侧主要设计了木质成品门，整体围墙高度为1200 mm，庭院内有较通透的视线，墙体为混凝土浇筑，表面粗糙，与日式枯山水铺装相互衬托

成品山石
成品石钵
1200 mm×1090 mm成品门

东立面图

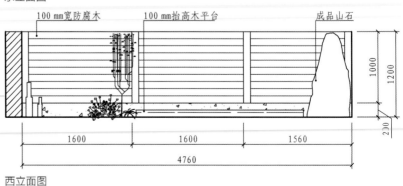

庭院西侧主要设计有绿化带和防腐木地台，形成休闲茶座区。最后在庭院角落竖立一件成品山石，柔化空间边角造型

100 mm宽防腐木
100 mm抬高木平台
成品山石

西立面图

鸟瞰效果图 1

鸟瞰效果图 2

庭院面积较小，要获得丰富的视觉效果，最简单的方式是对地面构造进行细化分区，运用多种地面材料穿插铺装，形成既规范又灵活的布局

区域效果图 1

区域效果图 2

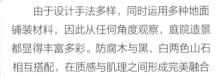
由于设计手法多样，同时运用多种地面铺装材料，因此从任何角度观察，庭院造景都显得丰富多彩。防腐木与黑、白两色山石相互搭配，在质感与肌理之间形成完美融合

区域效果图 3

区域效果图 4

区域效果图 5

区域效果图 6

　　防腐木是日式风格必备材料，成品件更是便于安装组合，搭建在任何部位都恰到好处。山石构筑的惊鹿将流水引入溪流水景中，形成动态循环，让寂静的庭院富有生机与活力

区域效果图 7

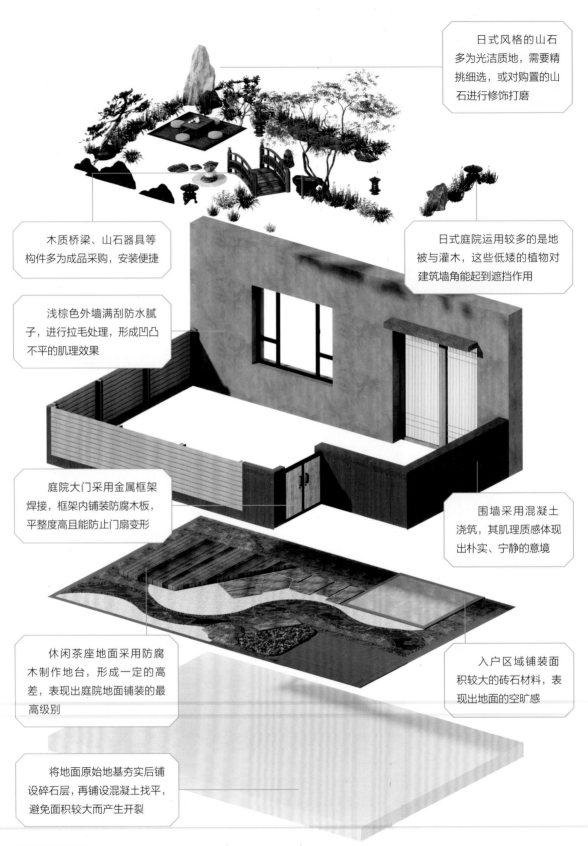

日式风格的山石多为光洁质地，需要精挑细选，或对购置的山石进行修饰打磨

木质桥梁、山石器具等构件多为成品采购，安装便捷

日式庭院运用较多的是地被与灌木，这些低矮的植物对建筑墙角能起到遮挡作用

浅棕色外墙满刮防水腻子，进行拉毛处理，形成凹凸不平的肌理效果

庭院大门采用金属框架焊接，框架内铺装防腐木板，平整度高且能防止门扇变形

围墙采用混凝土浇筑，其肌理质感体现出朴实、宁静的意境

休闲茶座地面采用防腐木制作地台，形成一定的高差，表现出庭院地面铺装的最高级别

入户区域铺装面积较大的砖石材料，表现出地面的空旷感

将地面原始地基夯实后铺设碎石层，再铺设混凝土找平，避免面积较大而产生开裂

庭院设计分解图